华夏龙脉
秦岭书系

高从宜　王建林
著

天宝物华
秦岭自然地理概览

西北大学出版社

U0280937

图书在版编目（CIP）数据

天宝物华：秦岭自然地理概览 / 王建林，高从宜著.
—西安：西北大学出版社，2016.8
ISBN 978-7-5604-3766-8

Ⅰ.①天… Ⅱ.①王… ②高… Ⅲ.①秦岭－自然地理
－概况 Ⅳ.①P942.41

中国版本图书馆CIP数据核字（2015）第292029号

华夏龙脉·秦岭书系

天宝物华·秦岭自然地理概览

作　　者：王建林　高从宜
出版发行：西北大学出版社
地　　址：西安市太白北路229号
邮　　编：710069
电　　话：029-88302621　　88302590
网　　址：http://nwupress.nwu.edu.cn
经　　销：新华书店
印　　装：陕西思维印务有限公司
开　　本：710毫米×1000毫米　　1/16
印　　张：21.5
版　　次：2016年8月第1版
印　　次：2016年8月第1次印刷
字　　数：310千
书　　号：ISBN 978-7-5604-3766-8
定　　价：77.00元

主要摄影作者：

姜立广　贺　绎　齐长民　张毅民　李树林　王建林

马来从　伊　杨广虎　赵振兴　王跃琼

（书中部分图片未能查到出处，请作者看到本书后尽快与我社联系。）

秦岭与中华文明（代序）

方光华　曹振明

　　秦岭有广义和狭义之分。广义的秦岭是横亘于中国中东部、呈东西走向的巨大山脉，它西起甘肃临潭县白石山，东经天水麦积山，穿越陕西，直至河南，在陕西与河南交界处分为三支，北为崤山、邙山，中为熊耳山，南为伏牛山，全长约1600千米，南北宽数十千米至二三百千米，气势磅礴。狭义的秦岭是指位于陕西省境内的山脉，呈蜂腰状分布，东、西两翼各分出数支山脉，其中西翼分支为大散岭、凤岭和紫柏山等，东翼分支为华山、蟒岭、流岭和新开岭等，中段为太白山、鳌山、首阳山、终南山（狭义）、草链岭等。秦岭不仅在中国自然与人文地理上具有南北分界的重要意义，而且还是中华文明重要的孕育地和塑造者。

一、秦岭与中国农业文明的多样性互补

　　众所周知，中华文明根源于"农业文明"。农业文明的产生与发展需要温度、湿度适中的气候条件。我国大陆基本处在北纬20度到北纬50度之间，位于世界上最大的大陆——欧亚大陆和世界上最大的海洋——太平洋的交接处，形成了典型的季风气候，适宜农业文明的发展。秦岭横亘于中国中东部，把中国大陆分为南北两半。冬季，它阻挡西伯利亚的寒风南下长江流域；夏季，它阻挡东南季风气流进入黄河流域。这造成了秦岭南北截然不同的气候条件。史前时期，秦岭南北形成了两种不同的农业文明，即以中原黄河流域为核心的以粟作农业为主的旱地农业文明和以长江流域为核心的以稻作农业为主的水田农业

1

文明。这种南稻北粟的基本格局已得到相关考古发现的普遍印证。

南稻北粟的中国农业文明各有特色，又相互补充。早在公元前5000年左右，南稻北粟的农业文明就有初步交流。从公元前 3000 年末期开始，南北农业文明的交流逐渐深入，至晚商时期，以殷墟为中心，大约已形成了半径 600 千米的文化区域。商周以后，中国农业文明的南北互补与联系更加密切。春秋战国时期，秦国逐渐占领渭河流域，成为先进农业生产力的开拓者。其后，秦国从褒斜道翻越秦岭，吞并了富饶的巴国和蜀国，并修建了都江堰。因渭河平原和巴蜀之地在地理及农业上的密切联系，致使古代一度将渭河平原和巴蜀之地并称为"关中"。至唐代中晚期，江南的农业经济获得了巨大发展。苏秉琦先生在《华人·龙的传人·中国人——考古寻根记》中就曾经指出："两大农业区（秦岭南北）的两种农业体系并不是彼此孤立，而是互有影响乃至在发展过程中发生互补等复杂情况。这样一种既有区别又有联系的农业格局，一直影响到整个历史时期。"中国农业文明的多样性互补，对中国历史的发展产生了巨大的影响。

二、秦岭与中国古代政治中心的形成

巍峨的秦岭造就了关中雄胜。关中盆地"四塞以为固"（《史记·刘敬叔孙通列传》）。关中"四塞"的东、南、西三塞均由秦岭山脉所成：东边华山、王顺山、骊山，东延为崤山，横亘于黄河与洛水之间；南边太白山、首阳山、终南山等，雄峙于关中平原的南部；西边岐山、杜阳山、陈仓山等，阻隔于关中西部。另外，再加上尧山、黄龙山、嵯峨山、九嵕山、梁山等逶迤连绵的北部山系，一起组成了关中四面环山的地形地势。在四周绵延起伏、层峦叠嶂的山脉之间，藏有许多雄关险隘。举其要者则有四处：东为潼关或函谷关，南为武关，西为散关，北为萧关。潼关是东部进入关中的天然防线，南依秦岭，北有渭、洛并黄河之要，西有华山之屏，东面山峰连接，谷深崖绝，险恶峻极；函谷关则扼崤函之险，控制着关中与中原之间的往来咽喉；武关是关中的南方门户，建在秦岭南麓陕南商山的谷涧，悬崖深壑，号称"三秦要塞"；散关则西扼关中交通要道，南依秦岭山脉，乃蜀秦往来之咽喉、兵家必争之地。此外，北方的萧关居六盘山东麓，控扼塞北通向关中之要道。因恃秦岭，关中进可攻、退可守，形成了"制内御外"的绝佳态势。占据关中，就意味着掌握了天下"要领"，扼制了九州"咽喉"。

秦岭形成了八百里秦川的肥沃富饶。秦岭北翼塑造了两条大河——泾水和渭水，秦岭北麓又发源了六条河流——灞水、浐水、沣水、滈水、潏水和涝水，泾水与灞水等六条河流最后一并汇入渭水。八百里秦川即为八水所灌溉地域，土质疏松肥沃，地势舒展平坦。早在《尚书·禹贡》中，关中之地即被列为最上等的土地，再加历代所修渠道，如秦国的郑国渠，汉代的漕渠、龙首渠、六辅、白渠等水利工程，以及汉唐诸运河的开通，关中平原的灌溉条件获得扩展，为农耕生产提供了优良条件。张良称关中"沃野千里，南有巴蜀之饶，北有胡苑之利"，乃"金城千里，天府之国"。（《史记·留侯世家》）《史记》称"关中之地，于天下三分之一，而人众不过什三；然量其富，什居其六"（《货殖列传》）。至隋唐时代，关中仍有"天府"美称。

秦岭的山林及河流、湖泊，不仅为关中提供了充足的水源，还改善了关中环境，使得关中气候清爽，山水相间，风景如画。秦岭自古以来就是皇家园林和离宫别馆的首选之地。秦时的阿房宫，汉代的上林苑，隋之凤凰宫、仙游宫、宜寿宫、甘泉宫、太平宫，唐代的太和宫、万泉宫、华清宫等，均修建于此。关中山水激发了众多文人墨客的雅兴，仅一部《全唐诗》就留下了诗篇数百首。

由于秦岭与关中的战略地理优势与富庶，关中成为中国古代政治中心的首选之地。先后有周、秦、汉、唐等13个王朝在此建都，长安的政治中心地位前后长达1100多年，是我国建都时代最早、建都王朝最多、定都时间最久、都城规模最大、历史文化遗址最丰富的中华古代首要政治中心。这在我国乃至世界各国历史当中都极其罕见，以至于古人称秦岭为"龙脉"，称关中为中原的"龙首"。

三、秦岭与中国古代文化精神的塑造

中国传统哲学追求 "天人合一"，这种观念来自古人对于人与自然关系的深入思索。传说最早对自然界进行整体把握的是庖牺氏（伏羲氏）。他创作了八卦，认为了解八卦就能了解自然和人类社会。八卦作为观察自然界和天人关系的一种理论思考，毫无疑问是一项了不起的发明。但将古人关于天人关系的思考予以系统化的，则是地处秦岭山水之间的西周王朝的周文王、周公旦。

他们将数千年以来古人探索天人关系的成果予以凝练，形成论述天人关系的经典作品《周易》。《周易》奠定了中国古代天人关系的基本框架，成为历代思想家进一步阐述天人关系的主要依据。春秋战国时期，儒家和道家对天道的认识不同。儒家认为天道尚刚健，主张效法天道刚强的属性。而道家认为天道总是凭借它柔弱的方面生育万物，柔弱的方面包含着无限的可能性，主张效法天道柔弱的属性。这两种观点都对中国文化的发展产生过巨大影响。

中国传统政治推崇仁义教化。这一观念起源于史前时代。在史前文化融合过程中，古人逐渐摸索出礼乐教化是融合不同文化系统最有效的途径。夏商时期，中国政治生活进一步向礼制方向发展。到西周时期，周公制礼作乐，不但从制度上构建了宗法社会秩序，而且从行为规范方面制定了严格的礼仪。周礼确立了中国古代政治的德治与教化原则，成为中国古代政治文明的象征。周礼的具体内容经后人的整理与丰富，形成了《仪礼》《周礼》《礼记》三种典籍。春秋战国之后，它们成为不同时代思想家们阐述政治理想的重要根据。

中国传统文化讲究"和而不同"。"和而不同"在关中表现得尤为充分。在儒家文化发展演变中，关中曾经起过重要作用。汉武帝接受董仲舒建议，用《诗》《书》《礼》《易》《春秋》等经典对知识分子进行熏陶，使他们熟悉经典所承载的政治理念和价值追求，并将他们充实到国家的官僚队伍。汉代所形成的经学教育制度和官吏选拔制度，对儒家核心价值观的传播产生了深远影响。关中又是道教的重要发源地。相传老子曾在秦岭终南山的楼观台讲授《道德经》。秦岭南北是早期道教重要的孕育地和传布地。唐代，终南山楼观台甚至还成为"皇家道观"。宋代，陈抟隐居华山，精研道教。金代，王重阳在终南山创立全真道。全真道成为元以后中国道教的主要流派。秦岭还是中国佛教发展的重要"摇篮"。秦岭西段有麦积山石窟，自后秦开始凿刻，至今保留有雕刻194窟，佛像7000多尊，壁画1300多平方米，是我国古代雕塑艺术的宝库。秦岭中段终南山是中国佛教传播的重要策源地。后秦时期，鸠摩罗什在终南山草堂寺创立译场，开创了中国佛教翻译事业的新局面。秦岭还是中国佛教各宗派创立、发展的源头。汉传佛教八大宗派中，秦岭及关中就聚集了三论宗、净土宗、律宗、法相唯识宗、华严宗、密宗六大宗派祖庭（若包括三阶教之百塔寺，则为七大派别之祖庭）。秦岭是中国传统精神交融、碰撞之所，闪烁着传统文明智慧的光芒。

CONTENTS 目录

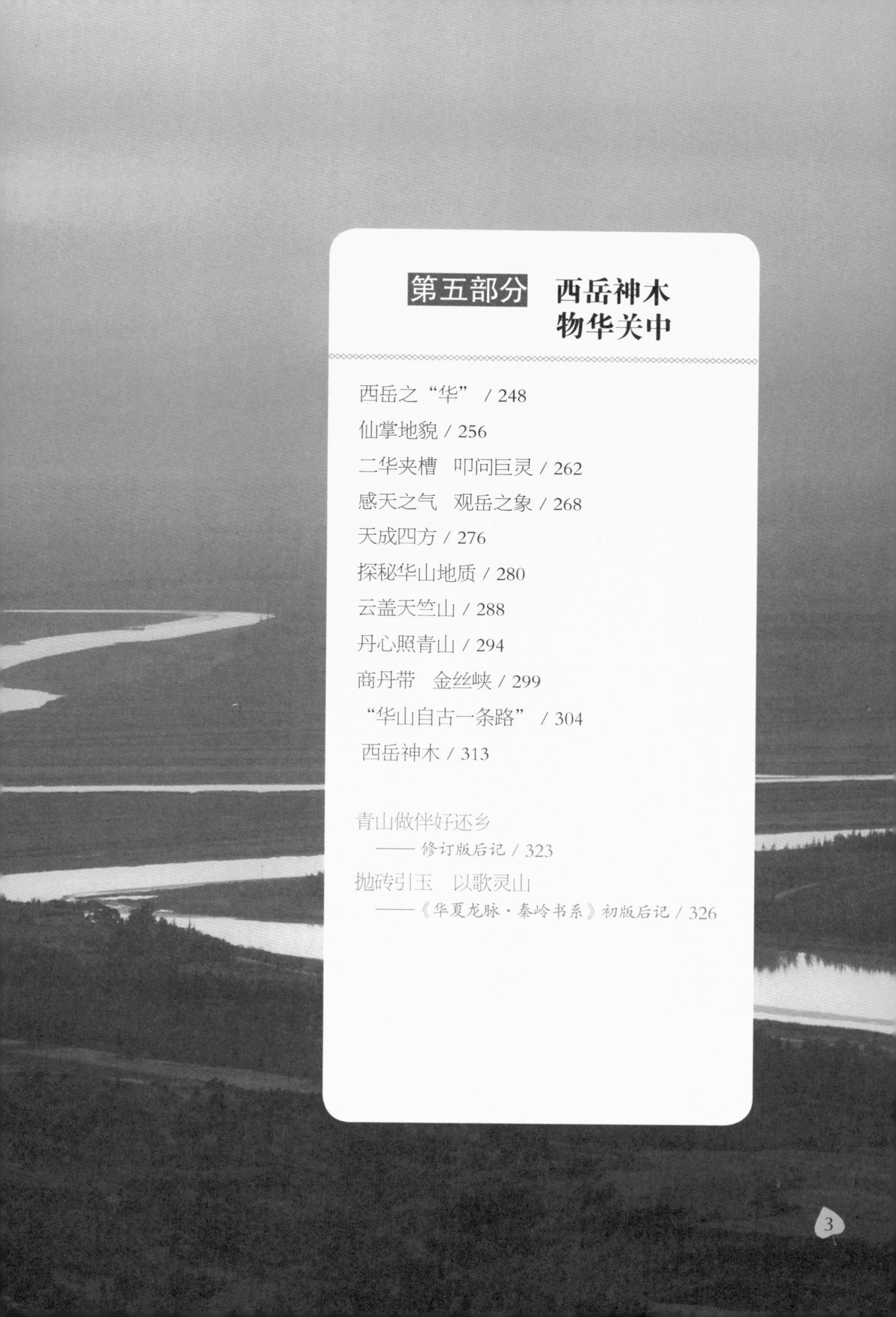

第五部分 西岳神木 物华关中

天

宝物华

秦岭自然地理概览

第一部分

TIANBAOWUHUA

天台龙蟠　一揽西天

莽莽寻祖

今天的秦岭横亘在中国南北的分界线上，巍峨中天。它独立、独特地行使着自然造化之专职，由于它巨大的分野作用，使得天分南北，地割江河，东西逶迤，高下相摩。它多姿多彩的自然属性让人们赞叹不已，而伟岸浩远的身躯又如巨龙般让人有神龙见首不见尾的感觉。俗语说，秦岭西望昆仑。其实，它也北拒广漠，东瞰中原，南压重山。它的茫茫气势和连绵壮阔使得人们难以完全尽括其神貌，然而，我们又不得不去探寻它，因为它与我们那样亲密，那样合一，那样利害相关，那样意味无穷。

《淮南子·天文训》载："昔者共工与颛顼争为帝，怒而触不周之山，天柱折、地维绝，天倾西北，故日月星辰移焉；地不满东南，故水潦尘埃

归焉。"按此说法，也许秦岭就是倒下的天柱，它的基本走向是偏西北。我们顺着这个神话轨迹，却也看见了自然的契合的一面，虽然现代科学证明不是这样的，但是它拟人化的描述却对我们认识现象起到了帮助作用。至少让人们生起一种兴味，一种对宇宙自然浩渺的遐思，激发我们创造性的思维。

今天，我们对秦岭的认识有广义和狭义之分。

广义的秦岭是横亘于中国中部的东西走向的巨大山脉，西起甘肃省临潭县北部的白石山，以迭山与昆仑山脉分界，向东经天水南部的麦积山进入陕西。横穿陕西，巍峨雄起，在陕西与河南交界处分为三支：北支为崤山，余脉沿黄河南岸向东延伸，通称邙山；中支为熊耳山；南支为伏牛山。山脉南部一小部分由陕西延伸至湖北郧县。秦岭山脉全长 1600 千米，南北宽数十千米至二三百千米，面积广大，气势磅礴，蔚为壮观。

秦岭东去行迹分明，与平原的接壤清晰明丽，而西去的秦岭就难于一下子摸清行踪，天水到临潭是典型主脉，遥看昆仑；也有凤岭、紫柏西南

©秦岭山色

而去，指向松潘；更有陇山盘踞，脉寻祁连。

通过中国早震旦世古地理图，我们清晰地看出秦岭的历史与现实的一致，并没有因为沧海桑田而掩盖了它的本来面目。秦岭海槽西去西北接通了祁连海槽，向西就是昆仑海槽以至整个西南，与今天的青藏高原和秦岭的连通丝毫无误。

中国文化里总有一种联系的思维，这种联系往往是超出实证的关乎直觉的思维，在对自然所知甚少，自然远远超出人类的认识能力的时代，中国古人，而且是那种敢于跋涉大荒的古人，就天马行空地把世界按照一种形象思维理念进行划分。以天地为画纸，以山水为风景，象形取义，把自己的传统、自己的理念注入天地山水之间，天人合一，形神合一，人我不分地建构了一个自然人生整体观。寻找生命归宿，寻找精神图腾，就成为最为汪洋恣肆、最为津津乐道、最为苦思冥想的文化行旅。

一切的核心价值在于对龙的认识，在于对龙的把握，在于对龙的判读。如果没有居高临下的观照，如果没有对自然形象的意象把握，中国文化也就只会成为类似西方的描述。特异状态下的龙文化在自然里有幻境，也有实景，实景的大手笔就只会对应在山水中了。形象思维产生于真实的世界之中，山龙、水龙腾挪在大地之上，就出现了以昆仑山为祖龙的山水龙文化演义。

其实，也有传说或者考证认为，秦岭就是原始的昆仑，但是随着文化的神性距离感的蔓延，昆仑山终于退至于今天青海的昆仑山，秦岭西望，绵绵相连祖龙的后世的界说就成为默识。于是秦岭成为中国传统文化里的中龙脉，发源于昆仑山，其他还有北支和南支龙脉。中龙脉作为中华版图的主心骨，也作为龙脉的主脉，在中华民族的精神维度里成为形而上的纲领，成为统御万千山水的统帅，在过往的历史里，一直不曾失落。

我们慨叹古人的思维，更慨叹古代认识与当代认识的一致性，现代科学认识与古代象形文化的契合给了今人更多的思考和建立在民族归属感上的自信。

狭义的秦岭是秦岭山脉中段，位于陕西省中部的一部分。在汉代即有"秦岭"之名，又因位于关中以南，故名"南山"。

北侧断层陷落。山体雄伟，势如屏壁。班固的《西都赋》中第一次出现"秦岭"这一名称，并说秦岭是天下之大阻。因此，它有"九州之险"的称号。

陕西境内的秦岭呈蜂腰状分布，东、西两翼各分出数支山脉。西翼的三支为大散岭（2819 米）、凤岭（2000 米）和紫柏山（2538 米）；东翼分支自北向南依次为华山（2154.9 米）、蟒岭（1744 米）、流岭（1770 米）和新开岭（1596 米）。山岭与盆地相间排列，有许多深切山岭的河流发育。秦岭中段主体为太白山（3767.2 米）、鳌山（3475.9 米）、首阳山（2720 米）、终南山（2604 米）、草链岭（2646 米）。山体横亘，对东亚季风有明显的屏障作用，是气候上的分界线，又是黄河支流渭河与长江支流嘉陵江、汉江的分水岭。

狭义秦岭的格局更为真实和具有触摸感，它以山水的形质和植被的灵性舞动起了悠然南山、云横秦岭，以更为细腻和真实的人文故事渲染起了秦岭的精神画卷，也成了本书的主要线索和脉络。

盘古开天地，龙脉话语长。西望东瞰，南北从兹别。秦岭在秦地扮演了更为核心的角色，让秦人依偎在它脚下，把山水与人的自然伦理竞相展现，千姿百态，意趣盎然。

◎秦岭晓雾

十字架　览关山

　　陇山松潘一带，近乎南北延伸，整体上我们看到贺兰山、六盘山、岷山、龙门山一线隐约相连。秦岭与之在宝鸡一带交会，形成一个大型的十字架，宝鸡西山正处于构造十字架中心上。在西山一带，我们观察秦岭的交错，在构造和地貌上难以辨清，只有严格按照地层地史学的定义，我们才可以知道秦岭的形貌变迁。

　　但是形貌的明显证据给足了我们想象力。

　　如果我们简单地看，也许就是十字，如果复杂地看，也许是"卍"字，文化的想象力可以任由驰骋。祁连山向东南而来与陇山相连，穿越秦岭继续东南而去，也是一种会心的解说。

　　如果要紧贴历史与人事，关山之于秦岭就尤为重要。

　　我们熟知秦岭南北界山的作用，却也不可小觑它的东西界山的意义。陇山就是秦岭西北远去的一个足迹，虽然从地质构造上有许多不一致的地方，但是它行迹的连续让我们不可以割断它们之间的关系。

◎关山草甸

　　陇山北起宁夏南部，向南一直伸展。山体大致为南北走向，长约240千米，是陕北黄土高原和陇西黄土高原的界山，是渭河与泾河的分水岭，在宁夏固原隆德境内主峰海拔2928米。它属于加里东造山带，近乎南北的走滑断层一直延伸到秦岭北麓。陇山以复杂的构造关系和区域特点，跨越不同单元，一直向西南延伸，从地貌学上延续了山文，使得它的长度超出了东侧的观察长度，且在西侧有300千米以上。

　　陇山在甘肃张家川回族自治县和陕西陇县的交界处诞生了一座名山——关山，古代又称陇坻、陇坂、陇首，《读史方舆纪要·陕西一》陇坻条曰："陇坻，即陇山，亦曰陇坂，亦曰陇首，在凤翔府陇州西北六十里……山高而长，北连沙漠，南开汧渭。""陇山有道，称陇坻大坂道，俗云陇山道。陇上有水东西分流，因号驿为分水驿。"

　　历史上，自长安西去，多经关陇大道，其中必越关山，其作为交通要塞，作为"丝绸之路"东段的干线，被称为"中大路，陇山道"，一直发挥着积极的作用。关山因其历史上有著名的关隘而得名，它横亘于张家川东北，

◎关山牧场

绵延百里，是古"丝绸之路"上扼陕甘交通的要道。

关山是历史上有名的难越之山，古人到此，多有慨叹。王维的《陇头吟》曰："长安少年游侠客，夜上戍楼看太白。陇头明月迥临关，陇上行人夜吹笛。关西老将不胜愁，驻马听之双泪流。"杜甫在《秦州杂诗》中叹道："满目悲生事，因人作远游。迟回渡陇怯，浩荡及关愁。水落鱼龙夜，山空鸟鼠秋。"

自周秦至汉唐直至明代海运未开通以前，在长达两千多年的历史岁月中，关陇古道一直是我国连接亚洲、非洲和欧洲的陆上纽带，沿途"五里一燧，十里一墩，三十里一堡，百里一寨"，是古"丝绸之路"上建筑工艺最高、延续时间最长、保存最完整的古道群。

陇山是古文明发祥地之一，考古发现，在陇山区域有众多的古文化遗址，以大地湾文化为代表。大地湾遗址坐落在陇山西侧的清水河下游，最早距今7800年，最晚距今4800年，有3000年的文化延续，创造了多项古文化之最，为世人所瞩目。

关山在历史文化上的东西传输意义强于秦岭阻隔南北的关中之于巴蜀，从伏羲之于中原文化，从周秦之于西戎和关中，从汉唐之于西域文化流通，而后代代不绝，关山的意义都空前绝后，因而，它应该是秦岭上的龙角、龙爪，有力地勃发着秦岭的力感，张扬着深厚的积淀。

©关山宿营地

关山关不住，春风去远关。关山雄且险，至此飞鸟还。东西纵横的秦岭到宝鸡突然打住，南北阻隔的群山在这里扭成一团，成为宝鸡的西山，也就是关山、陇山等，它们向北连绵，使西行之路无由起足，向南更是连绵的群山，不经翻越便无由得见。

关山、陇山以其与秦岭密不可分的关系和与经向构造力相克交战的厮杀完成了秦岭在西部的战事，零落的破坏和陡峻的屹立是西秦岭形貌的写意，在广阔的空间弥漫扩展。

西秦岭的扩展给了秦岭一种一揽西天的胸怀，让秦岭超越了一种属地化的概念，让秦岭显现出在中国大地构造中的大气势和总括，也不由得大家不赞叹秦岭是华夏文明的龙脉，是脊梁，是十字架，是父亲山，它托起了东西南北的锦绣河山。与神话传说的昆仑山为龙庭接续起了龙之精魂的过渡，抚育了沃野八百里，成就了千年帝王都，再豁然东去，三分通中原，让龙脉在更大的空间生根开花，构成了自然与人文璀璨的编年，代代相传。

山环水抱甲天台

秦岭总在制造着奇迹，而人事的附会让这个自然的造物愈益神奇，宝鸡天台山就是秦岭西部的自然形胜和人文瑰宝。

天台的名字就告诉了我们一切，登天之台，天之台。据不完全统计，我国大江南北以"天台山"冠名的风景区有 16 处之多。大陆的浙江、陕西、四川，台湾的澎湖等地皆有名为"天台"之山，可见，天下形胜多矣。

浙江天台山是中生代开始隆起的断块山，主峰华顶山（海拔 1098 米）突兀于东海之滨，登天看海，气势不凡。天台山以"山水神秀、佛宗道源"而著称，是中国佛教天台宗的发源地、道教南宗祖庭和活佛济公故里。

四川省邛崃市天台山属邛崃山脉，为国内罕见的箱状向斜山地，丹霞地貌变化丰富，山体由西南向东北倾斜成"U"字形，山势亦由低到高，形成三级台地，故有"天台天台，登天之台"之说。山顶面积约 40 平方千米，主峰玉霄峰海拔 1812 米。古名东蒙山，远古洪荒时期，大禹治水路过蜀国时，

◎远望天台山

曾选此山为台登高祭天，故得"天台"之美名。

宝鸡天台山比起其他的天台山，其人文历史更为久远，远溯炎黄，后有老子，延续不断。这里是炎帝故里，天台山下的姜城堡就是炎帝的故乡，晚年隐居的地方还在这里，以至终老。传说炎帝为远古时期部落首领，与黄帝同为中华民族始祖。《国语·晋语》载："昔少典氏娶于有蟜氏，生黄帝、炎帝。黄帝以姬水成，炎帝以姜水成。"宋代《路史·国名纪》载："炎帝后，姜姓国，今宝鸡有姜氏城，南有姜水。"炎帝的传说在宝鸡民间和官方流传经久不衰，宝鸡市区和南郊常羊山建有炎帝祠、炎帝陵，海内外炎黄子孙每年清明节和农历七月七日都会在此举行盛大祭祀纪念活动。

炎帝在这里尝百草，黄帝在这里求教。随后，老子在这里寻找清净之地，破解玄关。这里的人文故事数不胜数，自然方面，秦岭目前得到证明的古老岩石已经有 18 亿年历史，天台山所属的北秦岭和西秦岭交汇带地层和岩性最为古老。在地形地貌上，宝鸡天台山在秦岭短促陡峻的北坡地带构筑了一块独特的山环水抱的地带，先祖独具慧眼，依此营构人事，缔造传承，不能不说是匠心独运，让人叹为观止。

天台山是怎样的一个山环水抱呢？

从大的环境看，秦岭在宝鸡这里拐弯，天台山就处于这个大大的环抱里。从小范围看，天台山被周围的群岭包裹，大散岭、将台山、代王山、玉皇山、小代王山、鸡峰山围住了烧香台。而情有独钟的清姜河从西到南环抱，南面的清姜河上游以神沙河、李家河两条支流里外环抱，东以茵香河、清水河护佑。在这山环水抱里，荞麦山的天柱峰位置正处穴中，这里东有鸡峰山雄鸡报晓割昏晓，西有将台山俯瞰散岭守雄关，南望遥看 2819 米的玉皇山，既是看高峰，也是意高天，意境缥缈，所以宝鸡之天台山是大气势、大意境，是中国文化的自然诠释地。

天台山距离宝鸡市区不足 10 千米，主峰天柱峰海拔 2198 米。这里奇峰、怪石、悬崖、岩洞、潭瀑、沟壑等景观不胜枚举，天台莲花峰、天柱峰、寄马峰、人头峰、神农峰、鸡峰山、大散岭等山峰均为花岗岩峰林地貌。天台山重峦叠嶂，峭壁对峙，群峰争雄，凌空险峻；群山万壑之间，云雾迷漫，气象万千。而它的南部屏障玉皇山海拔 2819 米，也似太白山一般，曾经发育了冰川，在它的四周发育了层状冰斗，规模大，半漏斗状的后壁十分陡峭，坡度达 50 ～ 60 度，上接冰雪崩槽，基岩槽底纵坡 40 ～ 45 度，下接槽谷，如大小猪长沟、鬼门关沟均属冰川槽谷。槽谷中分布着漂砾、底碛和长达数千米的终碛垄，冰斗高度在 2600 ～ 2800 米，这个就为天台山群增添了更多的自然魅力，增加了天台和玉皇之间的张力。

天台山的水景观更是它的灵气所在，河、湖 (水库)、溪、瀑、潭、泉密布，山环水绕，纵横交错，水质洁净，碧波荡漾。沟沟岔岔水声潺潺，迂曲回环，澹澹生烟，这里云雾弥漫，水汽丰沛，完全不似北方景象。

天台山沟壑众多，崖峻谷深，莽莽林海，绿波荡漾，林木蔽日。天台山树木覆盖率在 90％以上，天台山的千余种植物汇成茫茫林海，群峰巨石隐现于苍松翠柏之中，组成一幅幅图画：春季山明水秀，野花烂漫；夏日风云变幻，绿涛奔涌；秋天万紫千红，硕果累累；冬时连绵群山，银装素裹。使人置身于"岚光晴亦霭，树色郁犹苍""偶闻松涛声，却是万籁静"的境界。不少深谷至今人迹罕至，神秘莫测。

◎天台山山门

天台山丰富的人文景观古朴神秘、源远流长、丰富多彩。传说天台山为炎帝神农采药遇难之处，炎帝遗迹甚多，故世有"天台天下古，天台古天下"之美誉；天台山以道教文化著称于世，为道家"祖庭""玄都"之地。天台山以其神秘幽美的自然环境吸引了历代著名道教人物隐居养性、修炼传道，千余年来香火不断，祀神盛行，形成了颇具地方色彩的道教文化。天台山自古以来为"圣人践地"，历代在此举行祭祀炎帝活动，节日庙会亦频繁举办，因此，庙会中社火、戏曲、祭祀活动与各种富有地方风情特色的民俗活动，不仅具有古老淳朴之色彩，与宝鸡悠久的历史文化一脉相承，而且增添了天台山人文景观的神秘性和多彩性。人也是自然的一部分，在特殊的自然条件下才会孕育和荟萃出人文的个性，离开了人的多样性的活动，自然的特点也就显得单薄而索然，单纯而简单。

天台非遥远，只因在人间。离天三尺三，说玄也不玄。

天坦草甸紫柏山

　　陕西留坝县位于秦岭南麓腹地，面朝巴蜀，背倚秦川，是汉中的北大门，总面积 1970 平方千米；境内山清水秀，森林覆盖率 86%，植被覆盖率达到 92%，林冠西北第一县，年平均气温 11.5℃。"萧何月夜追韩信""明修栈道、暗度陈仓""英雄神仙张良庙"都是留坝县紫柏山为汉语言贡献的历史名典。紫柏山系秦岭主峰太白山东南方向支脉，山势巍峨壮观，山上古树多紫柏，故名紫柏山。其山势巍峨、蜿蜒起伏、状如游龙，故紫柏山又名"龙如山"。此地雨量充沛、气候爽朗；草木葱茏，苍翠欲滴；山顶云雾缭绕，山下溪水淙淙，青山绿水，风景如画。自然风光与人文景观在这里完美结合，悠久的人文历史和神秘的自然景观赋予紫柏山厚重博大的自然与文化双重价值。留坝县的名称不知与张良的封号——留侯是否有关？不过，游览一下留坝紫柏山就能理解为什么张良要选择这里作为"功成名就"后人生的最后归宿。张良庙恐怕是"人法地"的精彩演义，紫柏山或许更是天之道的深沉召唤。

◎雪中紫柏山

　　紫柏山分布着中国最大的天坦群落，2009年成为国家森林公园和4A级国家旅游景区。景区以紫柏山为主题，包括光华山、铁龙山、玄女洞、古营盘和紫柏山五大景区。紫柏山植被分布受地形、气候和海拔高度的影响，形成典型的森林垂直带谱；自下而上依次形成阔叶林带、针阔混交林带、红桦杜鹃林带、冷杉林带、灌木林带和亚高山草甸。复杂多样的喀斯特岩溶地貌和独特的地质构造经大自然神奇造化形成了诸葛抚琴、玄女望月、观音送子、紫柏睡佛等自然奇观。这里气候凉爽，空气中负氧离子丰富，是真正的"天然氧吧"。紫柏山于距今约6500万年前的第三纪随秦岭升起，沧海桑田的变化造就了紫柏山独有的"高山喀斯特岩溶地貌"——天坑及山顶上的草坦。紫柏山因张良归隐于此而成为天下第一英雄神仙之山，最高峰紫柏金顶海拔2610米，山势巍峨、蜿蜒起伏、视野辽阔，自古就有"七十二洞、八十二坦、九十二峰"之说，是与华山、骊山齐名的陕西三大名山之一。

　　民间称紫柏山天坑为"坦"，位于2600米以上的紫柏山巅，是全国绝无仅有的山岳景观，已被专家论证为中国最大的天坦群落。其主要特点是：位踞山顶，形状如盆，深度一般在数十米到百米不等，中央多有垂直向下的"无底洞"或甘甜丰美的泉水。天坑中多奇花异草，少乔木。紫柏山天坑是世界地质史上一大奇观，正待揭开神秘的面纱。

　　紫柏山路是沿山体斜坡傍崖修建的，水泥台阶方木栏。步道虽陡不觉险，烈日当头不感热。漫步在紫柏山岭原之上，高山之巅，被其壮观、奇特的天坑自然景观和广阔无垠的高山草甸所震撼。远眺崇山峻岭茫茫，沟壑峡谷蒙蒙；近赏岭上草甸绿原绵绵，蓝天白云悠悠，特别是岭原上自然形成的大小不一如漏斗状的绿色天坑，大者直径上千米，小者只有十几米，坑深从数百米到几米不等，甚为壮观。天坑内奇花异草，各坑不一，实为罕见，当地人称天坑为坦，据称有八十二坦。紫柏山顶上的天坦，有的像锅底，人称锅底坦；有的坦内云雾迷蒙，人称卧云坦、迷魂坦；有的坦上白岩隐现，像牧放的群羊，人称牧羊坦。

　　翻过一座山岭，眼前呈现出一连串从大到小的绿色天坑。从观景台向下望，最大的天坑直径有五六百米，深度有两三百米，呈漏斗状，坡度较缓，下旋成一点。沿天坑斜面向下探行，大约走十分钟就到坑底，坑底有岩溶状小石块。传说这是天上陨石砸下的，也有人说这是山水积渗下的。其实，紫柏山是喀斯特地质结构，山体多是岩溶石，岭上草甸一遇雨季，雨水流向山体有岩隙的位置，然后通过山体溶洞流向山下，久而久之，随水流拉成漏斗，时间越长，形成的漏斗区域越大，天坑面积也越大。秦岭有不少溶洞，如柞水溶洞和蓝田溶洞，太白山的几座爷海，也有人归结为岩溶构成。而紫柏山顶形成的天坑，其数量之多，规模之大，在秦岭山区绝无仅有。加上上百平方千米的高山草甸以及天坑内奇异的花草，构成紫柏山景区独一无二的奇观。

紫柏山玄女洞又名元女洞，洞深约一千米，是紫柏山溶洞的著名景观，玄女洞位于西山景区出口不远的半山坡上。《留坝厅志》记载，玄女洞乃玄女在此教孝妇织锦供姑，有石梭、石机各一，石笋、钟乳遍布其间，或人或兽，或龙或蛇。相传黄帝征蚩尤时，玄女于涿鹿一战给黄帝传授兵法，战败蚩尤，被道教尊为"九天玄女娘娘"。初入玄女洞，洞内还算宽敞，但路面多斜坡，四周漆黑，探不远，路尽洞没，用灯向脚下探照，原来一大陡坡向下通过，深有二十多米。石柱旁边拴着一条麻绳，直落洞底。洞底不大，用手电筒向下照，能看到许多钟乳石，多长在岩壁上，花瓣向下开，成形的有石笋和石柱。最深处有四五十厘米大小直径的小洞，用灯光向里探照似乎还有洞庭，成人可以直立。再往前还有地坑，路特别难走，到处乱石，洞径也很小。玄女洞内的石笋、钟乳色彩斑斓，形状奇异，步移景新，使人流连忘返。

紫柏山的亚高山草甸面积达五十平方千米以上。大小坮坦天坑星罗棋布、镶嵌其间，绿草茵茵，百花争艳，尽呈紫柏草海奇观，素有"紫柏归来不看草"之说。每遇一处天坦，都让人不禁驻足，浮想联翩；眺望那巨大的天坦，似天境碧湖。坦面上厚厚的一层草甸植被，绿茸茸，厚绵绵，静如一巨大的绿色织毯，山风习来，又犹如一绿波荡漾的湖面。近观那些点缀其间的各色花草，坦坦不同，奇妙无比。近乎一百多座的巨大天坦点缀在辽阔无垠的紫柏山高山草甸之上，星罗棋布的天坦又构成紫柏山草甸的亮丽风景和绝胜特色。草甸布满天坦，天坦实为溶洞，而洞中有洞，不

啻通往九天之窗户，乾坤之玄机。

纵观紫柏山景观，基本上可分为三个层次：远景蓝天白云、中景高山林带、近景天坑草甸。站立于草甸边缘的古树紫柏，既是紫柏山森林垂直带谱中灌木林带上缘和亚高山草甸边缘的铮铮骄子，也是天坦草甸非常高妙的轮廓点缀，还是天空与大地、高山和云海不息对话的生命象征。柏树属于裸子植物门，主要分布于南北半球，在中国有8属29种，广布大江南北。中国人在墓地种植柏树，有象征永生或转生、新生的含义，可能是远古生殖崇拜的遗风，皇家园林、帝王陵寝以及古寺名刹等处多有苍老遒劲、巍峨挺拔的古柏，黄帝陵古柏群是卓越代表。中国画以山水为正宗，以境界判高下，进化出了梅兰竹菊四君子，也偶然画松，却一直不懂得如何围绕柏树落笔，倒是印象派大师梵高在弥留之际创作的《星夜》和《侧柏》真正把握到了柏树之于人类文明的重要性和崇高的绘画境界。张良庙的主人，既然选择此处为自己灵魂的归宿地，大概是理解紫柏和紫柏山的第一人。

张良庙位于紫柏山下，又称汉张留侯祠，国家级文物保护单位，也是陕南最完整的古建筑群，属于道教"第三洞天"。古有"紫柏山雾气腾腾，张良庙赛过北京"之说，北方宫殿式建筑与南方园林式建筑巧妙融合，布局奇特，错落有致。紫柏山和张良庙有着太多的神奇和奥秘，比如，作为人文地理话题，英雄神仙张良为什么选择紫柏山隐居？作为溶洞的紫柏山天坑，当地人为什么偏偏叫作天坦？紫柏山以紫柏名山，属于以树命名。紫柏山有龙如山、西城山和屋梁山多种名称，为什么紫柏山独出其右，今日独享了正名？张良选择这里与高山紫柏无关吗？地质学家提出并确证秦岭的勉略缝合带给我们不无启发。在紫柏山下的古营盘，两汉三国时期历史遗迹众多。"明修栈道、暗度陈仓"的陈仓道经过这里；诸葛亮六出祁山有五次经过这里；姜维大战铁龙山发生在这里。山下张良庙背靠紫柏山，其最高建筑"授书楼"屹立山巅，掩映在紫柏青松之间，隐现于云海雾涛之中，雄伟壮观。

秦岭勉略缝合带最初由著名地质学家李春昱先生提出；之后，张国伟先生在巨著《秦岭造山带与大陆动力学》中对其进行了系统研究，被认为是"'八五'期间的最重要发现"。2004 年，张国伟先生等发表了《 秦岭－大别中央造山系南缘勉略古缝合带的再认识——兼论中国大陆主体的拼合》，强调秦岭－大别等中央造山系南缘的勉略（勉县－略阳）构造带具有"划分南北、连接东西"的重要构造意义，开宗明义地把秦岭勉略带置于中国大陆主体拼合的重要地位。近年，赖少聪、秦江峰出版的《南秦岭勉略缝合带蛇绿岩与火山岩》是研究秦岭勉略缝合带的重要专著。"地质、地球化学综合研究表明，秦岭造山带主造山期表现为三板块沿两缝合带俯冲、碰撞的构造格局。两条缝合带分别为近于平行的商丹构造带和勉略构造带，商丹带发现较早，研究程度也已较高，而勉略带是近年来新厘定出的晚古生代蛇绿构造混杂岩带，研究工作还处于初始。"（张国伟等）地质学家指出，勉略构造带是消亡了的晚古生代—中生代初勉略有限洋盆的遗迹或缝合线。研究表明，缝合带空间上西起阿尼玛卿山，向东经南坪、康县、勉略、高川后，被巴山弧巨型推覆构造掩盖，在巴山弧以东沿襄广断裂一

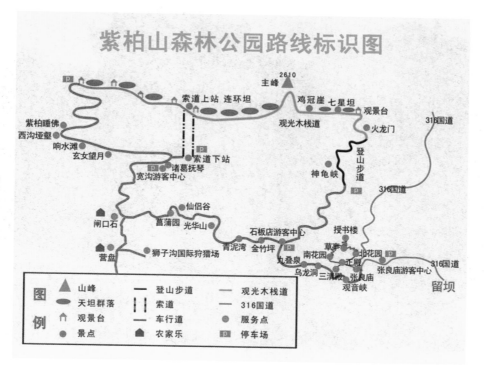

◎紫柏山旅游示意图

线展布，直至大别南缘。陕西南部勉县－略阳地区是缝合带保存相对完整的地区，同时也是缝合带变形最为强烈复杂的地区，所有岩石建造均经历了复杂的变形变质，使得现今构造面貌十分复杂。勉略构造带略阳－勉县段组成复杂，包括勉略洋盆形成、不同时期演化、不同性质和环境的沉积岩系、蛇绿岩建造和岩浆侵入体。

陕西留坝紫柏山正好位于勉略构造带的北缘，勉略构造带的研究给理解紫柏山天坦以特别启示，紫柏山天坦也许就是勉略构造带的地貌现象和地表遗迹，紫柏山草甸的翠绿茂盛和勉略带的特殊地质条件有关，就像骊山构造带之于华清池的地热一样。勉略构造带的发现确证了此处秦岭古洋盆的存在，沧海桑田成为紫柏山活生生的地理奇观！这不是张良跌宕涨落人生的绝佳注解吗？紫柏广生于紫柏山，与勉略带的特殊构造性无关吗？

◎紫柏山张良庙

中国留坝紫柏山天坦之茂绿、紫柏之蔚盛与勉略构造带发达的火山岩密切相关。当地民间为什么叫紫柏山是龙如山呢？勉略带东伸大别南缘、西抵黄河源头，绵延三千千米、连接广袤东西，是中国大陆主体拼合的重要构造带；其北缘的紫柏山乃名副其实的如龙之山！如同勉略带连接了南北中国，张良也统一了英雄神仙。紫柏山特有的天坦草甸就是一个英雄神仙隐藏的最好地方！其实，勉略构造带发现之前，当代农民就有直觉，他们不把紫柏山溶洞叫作天坑，而偏偏称为"天坦"。"天坦"者，就是英雄之心的坦诚、神仙之气的坦荡，或许也是地质奥秘的坦露吧。

玉皇汉江源

　　天台呈玉盘，玉皇施甘霖。西秦岭的玉皇山以其滴滴玉露、润润云气、涓涓清流独得秦岭之水韵，玉皇山海拔 2819 米，也似太白山一样，山顶相对平坦。在这里南望凤岭，北俯西秦，东观太白，西顾陇山，视野如此开阔。

　　关中西部属于暖温带半湿润气候，全年气候变化受东亚季风（包括高原季风）控制，秋季降温迅速又多连绵阴雨，成为关中秋季连阴雨最多的地区，年平均降水量在 590 ～ 900 毫米，是关中降水量最多的地区，而最大降水量就在天台山、玉皇山一带的中山区，玉皇山西南麓的凤县年平均降水量为 613.2 毫米，玉皇山东南麓的太白县年平均降水量为 751.8 毫米。玉皇山的南北坡就处于这个秦岭西部的降水丰沛带里，西南的暖湿气流在这里徘徊，太白山对西北气流的阻隔在这里形成壅塞，独特的局地气候因子成为这里湿润形成的基本原因。

　　玉皇山山带的北麓分布着大小 20 条河流，并且每条河流都流向渭河，渭河右岸从西到东依次是太寅河、塔稍河、清姜河、瓦峪河、石坝河、龙山河、茵香河、西沙河、东沙河、清水河、马尾河、磻溪河、伐鱼河、圪塔沟河和同峪河，再往东还有石头河。

◎玉皇山路

◎汉江源头

    南坡的河流有嘉陵江和汉水，汉水的支流有酉河、红岩河等，由于人迹罕至，许多支流未有名称。

    不大的范围，河网发达，大江大河的支流源头纷纷在这里安家，使得这里与水结下了深深的缘分。形势使然乎？气候使然乎？不管怎么样，这里是众水之源，江河之始。有人说，这里是关中的水龙头，确乎如此，它是传统意义上水龙的头。长江、黄河都在这里有支流羽翼的源泉，渭河作为黄河的第一支流，在玉皇山有众多支流；这里也是长江的两大支流嘉陵江和汉江的源头。秦岭是中国南北气候的分界线，亦是长江、黄河水系的分水岭。嘉陵江源头一带奇峰突兀，水流清澈，森林茂密，四季景色迷人，有苍翠秀丽的七女峰、气势雄伟的嘉陵江第一瀑、幽深莫测的黑龙潭，还有罕见的雾凇、冰挂和云海等天气景观，神工天成，美不胜收。

    嘉陵江是长江上游的支流，古称阆水、渝水，因流经陕西省凤县东北嘉陵谷而得名，它是长江水系中流域面积最大的支流，流域面积16万平方千米，超过汉水，居长江支流之首。干流全长1119千米，广元以下可通航。

　　嘉陵江源头，历来被认为存在东、西两源。东源起自陕西省凤县西北凉水泉沟；西源起自甘肃省天水平南川。习惯上以东源为正源，西源称为西汉水。两源南流至陕西省略阳县白水江镇汇合，合流向南经阳平关进入四川省境内广元市元坝区昭化镇与上游最大支流白龙江汇流，再往南流经苍溪县、阆中市、南部县、蓬安县、南充市（顺庆区、高坪区、嘉陵区）、武胜县而达重庆的合川区，左纳渠江、右纳涪江两大支流后，经北碚区于

◎嘉陵江源头

重庆市汇入长江。

嘉陵江源头在玉皇山巅，发源于海拔2800多米的嘉陵谷中。如今，这里已经开发为著名的景区，人们睹清流而思汹涌，登高山而观水下，江河文化之溯源意味在这里颇浓。

汉江又名汉水，在汉中市境内部分古称沔水，为长江最大一级支流。汉江干流自西向东横贯汉中、安康两个盆地，陕西境内长约500千米。南是汉江，北有渭河，两川绕秦岭，一山分江河，美哉，秦汉河山！

《陕西水文》是余汉章先生研究的专著，按照河道的形态特征，该书将陕西境内的汉江上游划分为6个河段：

（1）河源－武侯镇段。该段河谷狭窄，北岸谷坡陡，南岸缓和。从烈金坝到魏家坝，沿江形成一个小盆地——大安盆地，盆地宽2千

◎泉涌玉皇山

米～3千米。现在河槽宽约1千米，由砂卵石组成，冲淤变化显著。（2）武侯镇－龙亭铺段。该段河流进入汉中盆地，河面与滩面宽阔，比降小，水流缓，河槽左右摆动不定，冲淤变化显著。河床为砂卵石组成，河道淤浅，多沙洲叉流，汉中西南的中村滩就建在河心沙洲上。盆地东西长约100千米，南北宽5千米～10千米。（3）龙亭铺－渭门段。该段长53千米，为前寒武系花岗岩、花岗闪长岩、辉长岩及角闪岩所构成的汉江上游峡谷段，其中以小峡及黄金峡最著名。滩险很多，以鳖滩、笼滩及金榴子等处最险。（4）渭门－石泉段。本段长51千米，河道弯曲，左岸陡，右岸缓，河面

25

宽多在 200 米左右，河谷宽达 500 米以上。三花石至茶镇间的七里坝一带，河谷比较开敞，谷宽 350～500 米。茶镇以下又进入上元古界西乡群及寒武奥陶系洞河群所构成的峡谷区，水急滩多，但险峻程度次于黄金峡。（5）石泉—安康段。本段为峡谷、盆地交错段，两岸山峰高出河面 300 米，谷宽 200～500 米，河面宽 200～300 米。月河安康盆地，河谷宽敞，成为农业发达区。（6）安康—白河段。本段为下古生界变质岩及石灰岩峡谷，其中以旬阳白河峡谷较狭窄。山峰高出河面 200 米，谷宽 200～500 米，河面宽约 250～350 米，河床为卵石组成，滩险 24 处。

汉江是汉朝的发祥地。"大汉民族""汉文化""汉学""汉语"这些名称都是因有了汉朝才定型的，而汉朝得名于汉江，发祥于汉中。刘邦登上皇帝宝座，便以其发迹之地来命名这个新建立的王朝。汉江有南北两个源头，南源在米仓山，北源即秦岭褒河一带。褒河为古褒国与美女褒姒的故乡，发源于秦岭山脉太白县一带，褒河源头两条最大支流红岩河和酉河都发源于玉皇山南麓。褒河在汉中市注入汉江，其流量、长度和流域面积都在汉江源水系中位居第一，但一直没有人或资料将这条河流作为江源来讨论。自然无名，不争曲直，玉皇清流，不舍昼夜，这个就是玉皇山又一殊胜的地方。汉江是流淌在秦岭南麓的大江，即使在工业化空前的今天，它依然如诗画般清澈、安宁、美丽，沿汉江而下，仍可见到许多中国传统文化对这里生活方式的影响。虽然用现代眼光看，汉江颇为沉寂，但正是这里的沉寂使得它比中国其他许多河流更接近自然与人文的原生态。今天，随着南水北调工程的实施，汉江又一次在人们的视野中凸现了出来。

汉江哺育了汉朝，养育了汉人；发源于秦岭玉皇，汇归于长江大洋。在汉文化中，斯言河汉，意味着天道人间。

嘉陵江、汉江和渭河支流诸如清姜河源头都在天台山群，嘉陵江、汉江源头在南坡，清姜河等几条河流源头在北坡，北坡人迹罕至，山大沟深，森林茂密，遮天蔽日，陡峻的山坡只有鸟兽可以藏身，平日云雾弥漫，兴云致雨，水潺潺，溪潺潺，甘甜清冽的清姜河就孕育在这里。

清姜河作为渭河的一级支流，长仅 43 千米，流域面积 243 平方千米，年平均径流量 1.3 亿立方米，最大时为 2.63 亿立方米，最小时为 0.44 亿立方米。就是这条貌不惊人的宝鸡市境内河流，铭记着中华文明历史长河中朵朵美丽的浪花。

清姜河之清澈是自然属性，清姜河之姜本源于人文历史，这里是炎帝故里姜城堡所在地，水也因之名姜水，后世演变遂叫清姜河，而古道陈仓道也因为道随水走，成为秦岭第一通途。

清姜河是玉皇山的血脉，海拔 2819 米的玉皇山北麓是清姜河上游第一大支流神沙河的发源地。清姜河分水岭上有名的主峰有将台山（1951 米）、代王山（2598 米）、玉皇山（2819 米）、南峡岭（2368 米）、天柱峰（也称老君顶，2198 米）、荞麦山（1821 米），从河口海拔 561 米到最高峰 2819 米直线距离 20 千米左右，海拔相对高差 2258 米，山大沟深，奇峰险峻，河流湍急，悬泉飞瀑，秦岭北麓的形貌和水文特点于此展现无遗。

海拔 600 米的地区，年平均降水量为 692.3 毫米；海拔 2200 米以上的山区，年平均降水量高达 1000 毫米。以清姜河为代表的宝鸡玉皇山区域降水情况可见一斑。

风生水起，水草丰茂，植被涵养水分，水分滋养生灵，自然互相关联，相容与共。玉皇山森林覆盖率在 90% 以上，森林景观丰富多彩，有 100 余种类型，珍贵树种有连香树、水青树、太白红杉、冷杉等，还有杜鹃花、朱砂玉兰、紫牡丹等名花异草，森林里还栖息有多种野生动物。由于海拔相对高差较大，植被的垂直带性明显，科学价值和景观价值皆具。

天台山和玉皇山本属一个山群，天台承玉露，玉皇降甘霖。玉皇山北麓造就了神话图腾，而南麓远离人事，自然造化于当代自然文化复兴的时候呈现给了人们溯源探究、自然审美的广阔空间。北麓由于陡峭的绝境还留待了许多未知，南坡在温润的气候和地形相对平缓的环境下向世人袒露着胸怀。山环水转，世事变迁，精灵之水却是这里不变的主线。

秦岭南麓汉江支流

河流 \ 名目	河流长度（千米）	平均比降（‰）	流域面积（平方千米）	多年平均流量（亿立方米）
沮河	130	7.21	1576	8.33
褒河	198	5.17	3940	15.8
湑水	166	5.59	2307	12.55
西河	114	7.63	972	4.31
子午河	161	5.44	3012	14.15
金钱河	246	3.14	5650	27.52
旬河	218	2.9	6308	23.06
丹江	250	4.75	7519	18.9
月河	96	2.79	2827	12.7
池河	114	7.22	1033	4.12
金水河	75	24.8	732	2.7

（据余汉章《陕西水文》）

渭水天上来

　　李白的《将进酒》曰："黄河之水天上来，奔流到海不复回。"脍炙人口的诗句出自诗人喷涌的感情及自然的宣泄，但是黄河的奔流却是九曲十八弯，百转千回。秦岭作为长江、黄河的分水岭，东西向一搁，水龙分两行，黄河就在广大的北方蜿蜒前行，由于巨大的弯曲，使得大河失去了奔腾之势，增加了婉约，白浪滔天的震撼场景只在特定的时空才可见到。

◎河水天上来

◎静静流淌的渭河

渭河是黄河的第一大支流，在关中道依傍着秦岭，但是在关中道的尽头——宝鸡这里，渭河却从群山之中的宝鸡峡口钻出，完全是"天门中断楚江开"的气势。在这里，渭河不再依傍秦岭，而是穿峡越谷，劈山开路，秦岭与渭河形成了不可分割的关系。习惯上以渭河作为秦岭的南北划界线，在关中一带确实如此，在陇山一带却是渭河穿越秦岭。

从宝鸡县的林家村进入宝鸡峡，这里渭河沿关山（陇山）切入基岩100～200米，形成峡谷，宽约150米，水流湍急。两岸山峰林立，南北对峙，形势险要。

从宝鸡峡溯源而上穿越秦岭，这里发育着宝鸡—天水断裂，渭河大致保持着和关中平原一样的走向，近乎正东西，虽然我们依然看见不同走向的山脚，不断漂移的河床，但是基本的走向让我们看见了构造对渭河走向的影响。而许多著名的峡谷时时出现在河道里，遍布的断层带横陈在河道，见证着渭河断层带的水石关系。类似三峡那样的景观在渭河上游成为常态，宝鸡峡、鸡冠岩都是訇然中开，天门接云，山势嶙峋，峭壁陡绝，寸草不生。

渭河全长818千米，流域面积13.43万平方千米。渭河流域可分为东西两部：西为黄土丘陵沟壑区，东为关中平原区。河源至宝鸡峡出口为上游，长430千米，河道狭窄，川峡相间，水流湍急，平均比降1/260。《山海经·海内东经》载："渭水出鸟鼠同穴山，东注河，入华阴北。"北魏郦道元的《水经注·渭水》载："渭水出首阳县首阳山渭首亭南谷山，在鸟鼠山西北，此县有高城岭，岭上有城号渭源城，渭水出焉。"唐代张籍的《登咸阳北寺楼》诗："渭水西来直，秦山南去深。"

渭河之于八百里秦川互为因果，关中断陷盆地成就了渭河，渭河成就了堆积平原，它与中华文明有莫大的关联。

历史学家的研究表明，对中华文明的形成起到关键性作用的地方是黄河的三条支流——陕西的渭河、山西的汾河、河南的洛河所围成的"三河地区"。汾河谷地是尧、舜、禹的故乡，洛河是夏、商王朝的所在，如果说汾河与洛河流域诞生的文明是中华文明的童年，那么渭河所孕育的文明则是中华民族的"花样年华"——青年期。中华民族最重要最辉煌的四个

◎宝鸡峡大坝

朝代——周、秦、汉、唐皆建都于此。

在关山飞渡的年代，陈仓狭道也是文明进化的另一要冲。

渭河自天水出陇山，由秦岭峡谷入陈仓境，自古就有沿渭水经此峡谷相通于陇上与关中的道路。由于道路狭隘，古籍中称此道为"陈仓狭道"，是古代天水至陈仓最便捷之路。

"陈仓狭道"有着悠久的历史，绵延150多千米的渭河峡谷南岸分布着大量的仰韶文化和齐家文化遗址，足以证明古代先民在此择水而栖、逐水而行的开发历史。有史学家认为，伏羲氏、女娲氏乃至轩辕黄帝都是由此道进入中原的。天水放马滩秦墓出土的绘制于秦昭襄王八年（前299年）的木板地图已在此道的渭水峡谷东段标出"燔史关"，可见此道早已被秦人视为出入关中的交通要道。宋代、清代、民国都沿袭治理。"陈仓狭道"为陇上往来于关中之交通孔道，始终被历代官府所注重。

其实，据地质学家研究，渭河本是黄河主干道。

距今2000多万年前的新第三纪时，黄河是一条真正的滚滚东流的大河。那时，黄河从兰州向东，沿现在的渭河一直向东注入黄海。当时，渭河才是黄河货真价实的古河道，我们现在看到的渭河宽阔的河床和巨大的冲积平原足可证明这是古黄河的"功劳"。

黄河曾经沿着今日渭河的河道流淌，后来才从今日兰州处改道向北走了一个"几"字形的大拐弯。

据学者研究，从新生代起，新构造运动使西秦岭榆中至鸟鼠山一带发生的近南北向长垣状隆起使古黄河水在这里遇到了障碍，从而不得不改变流向，于是，黄河在刘家峡顺地势"侵占"其他河道，改道向北，在贺兰山、阴山和鄂尔多斯高原的挟持中绕了一个大弯，然后在晋北顺着桑干河上游沿永定河直入渤海，在内蒙古集宁附近的斗镇和凉城之间，有一条东西延伸的宽阔凹地就是黄河古河道的遗迹。后来又由于集宁地区的隆起，迫使黄河又南下，在潼关一带与原黄河故道——渭河交汇。

不管黄河如何拐弯，秦岭都在控制着黄河，而渭河以及昔日的黄河对秦岭、陇山的塑造也是不争的事实，秦岭与渭河是不可分割的，更重要的是，它们交织在一起，让人产生错觉，发生了地理学上的误判。

山水相依，互相改变。河水涨落，日夜奔流；山也见高，日显俊秀；山也见少，日日消磨。水从天地相接的地方来，到水天相连的地方去，本是一般的规律，却因为诗歌、地名让我们分外关注。渭河、黄河、秦岭组成了最大的山水图画，道不尽的自然之理，绵延出历史的灿烂。

秦岭北麓渭河支流

河流＼名目	河流长度（千米）	平均比降（‰）	流域面积（平方千米）	多年平均流量（亿立方米）
石头河	70	36.6	775	4.81
黑河	132	35.3（峪口以上） 2.13（峪口以下）	2283	9.14
涝河	86	24.3	665	2.24
沣河	82	53.5（峪口以上） 1.8（峪口以下）	1460	5.32
灞河	93	12.3	2577	8.34
清姜河	43	10	243	1.3
东汤峪河	48	45.1	396	4.8
零河	57	11.1	288	0.25
酉河	45	36.6	296	0.25
赤水河	44	7.22	1033	0.30
罗敷河	51	32.4	205	0.20

孕璜遗璞　鸡峰长鸣

山水灵秀，大者如山岳奇峰，湖光云气，茫茫林海，小者如奇石深潭，涓涓小溪，一花一草，一石一沙，大小无碍，都可做心灵道场，悦目风景。

在秦岭的连绵浩瀚里，除过雄伟壮阔的巨型景观，以石为景致的小景观也俯拾即是。秦岭的山石自有独到的风景，虽说处处有文章，而尤以西秦岭青峰山下钓鱼台的丢石和鸡峰山的石鸡最负盛名。

钓鱼台位于宝鸡市东南 26 千米的磻溪河上，南依秦岭，北望渭水，山清水秀，古柏叠翠，景色绮丽，历史久远，是古今中外颇享盛名的游览胜地。

◎人间丢石

钓鱼台因西周名士姜子牙在此隐居十载,滋泉钓竿遇文王而闻名于世,史料典籍均有记载。唐贞观年间,始令磻溪立庙,并植柏四株,至今犹存。

《吕氏春秋》有"太公钓于滋泉"的记叙,民间亦有"太公背泉垂钓""周文王纳谏邀贤""武吉伐薪奉母"等传说。站在伐鱼河上的瓦子坡村南眺,秦岭群峰峥嵘起伏,重峦叠嶂,郁郁葱葱,气势磅礴,蔚为壮观。近看,奇峰耸峙,翠柏葱绿,庙宇宏伟,水色碧透,绚丽诱人。

这里山谷呈"V"字形,峪口两侧奇峰突兀,岩壁峭立,怪石嶙峋,古柏满山,清泉激荡,峪口内外古庙此起彼伏。源于秦岭深山的伐鱼河冲出峪口直泻渭河,水流清澈见底,一派绮丽风光。然而,最引人注目的还是那块屹立在伐鱼河畔的奇特巨石——"丢石"。丢石是一块庞大而完整的石英花岗岩体,上大下小,呈碗形,丢石上几乎找不到任何裂隙。丢石北侧有清高宗乾隆五十九年(1794年)三月宝鸡知县徐文博书写的四个一米见方的苍劲大字:"孕璜遗璞"。丢石高6.6米,上部直径11.2米,下部直径仅4米,伐鱼河湍湍急流擦石而过,大有一触即倒之势,然而,千百年来,它始终"稳如泰山",充满着神秘的色彩。

从丢石顺水而下,河水层层下跌,浪花飞溅,向下游直泻,形成一个个深潭,犹如朵朵雪莲盛开。离丢石100米处有一个水面宽广、水色碧透的深潭,名"滋泉"。泉边有一块石英花岗岩巨石嵌入河心,巨石上有两道40厘米长、15厘米深的平行光滑浅槽。相传姜子牙来此隐居后,每每在此垂钓,年深日久,便在巨石上跪出了两道槽痕,钓鱼台即由此得名。侧方岩壁上雕凿有"钓鱼台"三个巨型篆字。

从丢石溯水而上,两岸高山对峙,河谷狭窄,谷坡陡峭,水流湍急,有"一步跨过伐鱼河"之称。

钓鱼台那块独一无二的巨石从何而来?为何称为"丢石"?人们只从传说中略知一二,至今无人对它的来龙去脉做过科学考察和论证。

一说是姜子牙从鱼腹中拣出一块石子丢在河边而称"丢石"。

二说是孙悟空大闹天宫驾筋斗云路过此地上空,将鞋中一粒沙子取出丢在伐鱼河畔变成。

三说是王母娘娘去西天朝圣,路过此地上空,用玉梳梳理云发时,掉下一粒沙子变成巨石，而得名"丢石"。

后人又称其为"乞子石"，丢石顶上那些密密麻麻的小石子就是游人为得子投掷上去的。

神话传说毕竟不是科学事实。有人从力学角度做过计算，要把丢石推倒，足足需要262000公斤的推力，即需5822人一齐用力！不论计算是否正确，这块形态独特、体积巨大、无比沉重的巨石绝非特大洪水所能搬运的。

丢石是一块完整的巨大花岗岩体，石英和暗色矿物分布极其均匀，异常坚硬，既无节理，又无裂隙。在伐鱼河峪口内外的河床上同丢石岩性构造相同的大块岩石（比丢石小得多）仅能见到6块，除丢石外，另一块较大的岩块即姜子牙垂钓时跪坐的巨石，高2米、宽4米、长4.5米，另外5块均3米见方。综观宝鸡一带许多大的峪口的石头最大也就3米，这些石头可能是当地洪水搬运的结果，超过这个限度，历史最大洪水无法搬运。6块岩石岩性与山谷两侧岩体及河床中的基岩迥然不同，与山前洪积层中的巨砾也相去甚远，说明丢石是从异地搬运来的。

伐鱼河峪口内1000千米处，群山环抱，山坡陡峻，沟谷开阔，山顶部分为石英花岗岩体，岩性与丢石相同。山顶有陡峭的光滑面，地质历史上可能发生过规模较大的山崩，丢石很可能是早期的山崩巨石。

又是什么力量将如此巨大的岩石搬运到峪口外呢？第四纪冰川的搬运能力是惊人的，但这里找不到冰川活动过的任何痕迹，因此丢石是第四纪冰碛物（冰川搬运的岩石）的可能性也不大。

从各方面分析，丢石可能是泥石流的产物。从地貌形态看，发生山崩的地方为泥石流形成区，丢石很可能是早期的山崩巨石被后来的特大泥石流搬运到山外停积而成。泥石流的搬运能力仅次于冰川，它能搬运直径二三十米、重量达上千到数万吨的巨石，因而完全可以将丢石搬运到山外。

　　巨石停积在山外伐鱼河畔后，底部长期受河水、洪流侵蚀，其他部位长期受风吹、日晒、雨淋等外力作用剥蚀逐渐演变成上大下小的碗形巨石。北魏地理学家郦道元在《水经注》中曾对丢石做过描述，可见丢石屹立在伐鱼河畔已经非常久远了。

©鸡峰山初夏

◎剑劈石

◎金鸡啼早

◎鸡峰插云

钓鱼台之石头是因为处于河道之中岿然不动潋潋如玉而尽得盛名，鸡峰山之石头却是裸露在山峰或者山腰以醒目特立而引人注目。

鸡峰山位于天台山主峰景区的东北方，宝鸡市区的东南方，距市区十余千米，主峰元始天尊峰海拔 2014 米，古称"陈仓山""宝鸡山"或"鸡山"，宝鸡地名即源于此。

宝鸡原称"陈仓"。相传春秋时，秦文公在此狩猎，获雌鸡，后飞至山上化为石鸡，立祠祀为"陈宝"。"得雌者霸，得雄者王"，到秦穆公时果得霸业。唐肃宗至德二年（757 年），陈仓山复闻神鸡啼鸣，声传十余里，皇帝认为这是祥瑞之兆，便下诏改陈仓为"宝鸡"。

鸡峰山巍峨高耸，直插云霄，远眺形似鸡冠，故名，为关中美景之一。

据《宝鸡县志》记载："鸡峰插云，县境峰岳之奇，唯鸡山为最；天柱矗立，玉笋排空；西连吴岳，东接太华；云绕峰腰，触石时呈五色，鸡栖山顶，惊人只在一鸣。"又载："三峰如削，徙巅者必援铁索而上，有石鸡大如羊。"《明一统志》云："山有三峰并峙，为一邑之冠。"

因为鸡峰山地处秦岭北坡，地形陡峻，构造强烈，在亿万年的风化作用下，山上石头多怪异奇形，于是出现了诸多的形象叫法。

鸡峰山奇景甚多，历来有"三十六景"之说。

石炕：这是上山的要道，为一阶天然石台阶，如农家炕形，两头置有石枕，故名"石炕"。

棒槌石：站在石炕向东望去，群峰中一座峰顶上屹立一块高约 15 米、直径 5 米的圆柱石，很像农家妇女捶洗衣裳用的棒槌，起名"棒槌石"。棒槌石直插峰顶，周围松青竹翠。清晨日出，霞光从峰隙松间穿过，色彩迷离，景象万千。

乱石窖：面积约 400 平方米的椅子形台地。坡根处乱石磊磊，石缝间灌木丛生，藤蔓遍布，似乎有些荒凉。但此处向阳，紫气东来，是建造仙山琼阁的好地方。据说，早在唐朝，这里就有庙院存在，后山体崩塌，乱石滚下，庙院埋没，至今庙基遗址还隐约可见。传说，古戏《白蛇传》中的白娘子早先在这里修炼，再到商洛境内的丹凤县，最后才到四川峨眉山的金木院修炼成仙为白衣菩萨。当年此庙院的主神就是白衣菩萨。

◎飞鱼石

◎补天石

◎骆驼石

◎补天石

鸡峰插云：经过豁口，站在南坡可仰望鸡峰山的总体面貌，巨大的山峰高插入云，气势磅礴，引人神往。

麦积缩影：主峰的最左侧有一座峰独秀，块块巨石相互垒叠，峰底宽阔，渐高渐窄，至顶呈尖状，如麦垛耸立，颇似天水麦积山的轮廓，故名。

玉笋排空：在主峰的中间部分一柱一柱的岩石从峰顶垂下，突兀嶙峋，像一排排石笋冲向天空，苍松翠柏点缀其中，为主峰增添了万般秀色。

铜墙铁壁：主峰的右部从底到顶如刀削斧劈一般平整，有壁立万仞的气势。

剑劈石：挨着黑虎桥西边，矗立的巨石裂开一条窄缝，像用剑劈了似的，缝宽 0.8 米，长约 4 米，高约 5 米，称剑劈石。这是过黑虎桥的必经之处。

将军石：过了黑虎桥，在石崖边上可看到黑虎桥下约 500 米处的山坡上矗立着一块黑色怪石，高约 15 米，像是给鸡峰山把守南大门的威武将军。传说，当年唐僖宗李儇逃难到鸡峰山，在黑虎桥西边的山坡上，驻守的御林禁军因做饭失火把坡上茅草引燃，熊熊烈火把满山的石头烧成了黑色。包括将军石在内，山上的石头到现在还是黑色的。

神鞭奇峰：在神仙洞口，向北望去，不远处有一座拔地而起的石峰，三面凌空，风光无限，人称铁鞭石，亦叫霸王置鞭石。铁鞭石南边有石阶可攀，攀上铁鞭石，顶部面积仅二三平方米，凿有圆柱形石窝，石窝中插着一个百十斤重的黑虎铁鞭。

石鸡：鸡峰山南天门外有一个笔直悬崖，山崖极为险峻。装有铁索，攀缘而上为一台地，上有高低不同的 3 座峰壁，最高的叫"元始天顶"，便是史传"神鸡"栖息地。此处原有石鸡一对，体大如羊，《宝鸡县志》载："陈仓山有石鸡大如羊。"因旷日久远，原鸡已不复存。清朝道光年间铸造铁鸡一对，一雌一雄，雌低雄高，高约 2 尺。造型精巧，神态逼真。鸡体铸有"道光二十九年"楷字，是鸡峰山的标志和善男信女的崇拜之物。围绕"铁鸡"曾衍生出许多有趣的故事，如在"铁鸡"脖子上系一根红绳子，又解一根红绳子带回家系在自家鸡窝上，这样，鸡就会不生百病，连日下蛋不止。还有将鸡头扳向哪一方，那一方就万事如意、五谷丰登。

飞来石：站在金鸡报晓景点四顾眺望，有一块巨石上镌刻有汉隶"飞来石" 3 字。巨石高约 4 米，为不规则圆柱，四围约 18 米，此石四面无靠，与石底座也不是一体，传说是天外飞来之石。

蘑菇石：相距飞来石约 50 米有一块巨石，高约 5 米，直径 2 米，状如蘑菇，与周围古树、丛草相映成趣，四周山坡滋生野生蘑菇。蘑菇石可称得上是蘑菇王。

神龟探海：位于蘑菇石约 60 米处有一块巨石，形似龟背，凌空而悬，下为茫茫云海。远远望去，似巨龟浮游于海上。

回心石（鹰愁崖）：游完南峰要上东峰，必经回心石。回心石巨石凌空，挡住上山的去路，上有铁索垂吊下来，抓住铁索，竭尽全力，便可登上"回心石"。

◎云满鸡峰山

　　唐王石床：由三清宫向左拐就是唐王睡觉的地方，有石床、石枕，石床北高南低，上有石崖突出，日不晒，雨不淋，10多平方米大，旁有四季常青的乔松和铁姜木林，南风、北风都能从此处吹过，实为安逸休闲的好地方。

　　唐王棋盘：南天门前有一座三面悬空的飞岩，上有一石刻棋盘，大如乒乓球台面，楚河汉界分明，棋盘上放置着已失落不全的棋子，传说这是唐王下棋的地方。

　　除了上面所说的景点外，还有雷神峰、双联石塔、蟠龙石、西峰（又叫药王山）、南峰（又叫拜香台）、东峰（又叫混元顶）、东西石堡子。东堡子的山峰分别为望子峰、排岔峰、铧尖峰等。神池除了灵官神池外，还有雷神池、观音神池、黑虎神池等。

　　千石万石都是构造破坏和风化联合作用下的结果，强大的剪切应力、断陷的巨大张应力来自各个方向，在西秦岭北支这里尤为突出。北坡寒冷的气候环境下物理风化作用也特别盛行，在突兀的山岩上，就冰劈刀削般制造了奇迹。最后是风化残积，孤零零地给我们留下了极具个性的、充满想象的诸如"石鸡"之类。

石文化是中国文化里特有的文化形式，把自然与人文杂糅在一起，这里蕴藏着许多科学的秘密，大者直接在山野阐发语义，小者进入百姓家园窃窃私语，石头最核心的语境就是沉寂坚韧，耐得严酷，不改性灵。而象形取义的石文化就意象翩跹，无所不包了。

钓鱼台的璜石以补天的材质遗落人间，必然如璞玉一般，假以岁月，如琢如磨，在人间重辉自是指日可待。姜太公于此隐居直钓，"宁愿直中取，不向曲中求。不为锦鳞设，只钓王与侯"，石头的执着与人格的神似浑然天成，直钓大义，"学成文武艺，货与帝王家"，成功的范例在独特的地域里演示，不可不谓神奇而自然。

公元前1072年到公元前1062年，姜子牙隐居垂钓长达10年而遇周文王访贤，距今已有3100多年，丢石还在孕育，代代不乏来者。

而鸡峰山象形取义，石鸡虽已去，遍野卵如斯，奇石怪岩为文化注入了经久的魅力。

"琭琭如玉，珞珞如石"，《道德经》里的名句可以撒在青峰山下鸡峰山上，任人神思，任人发挥，贵贱高低，大小美丑，一任说道，这正是自然的魅力所在。

本草之地姜为先

天地有大美而不言，有大用亦不言。

自然不言，须假人之言，万物不自用，却对万物有作用。

秦岭本自然，自然生万物，万物各有命，在这里生长的动植物和微生物物种繁多，是我国生物多样性最丰富的地区之一。纵观秦岭，满目浩大，细数生灵，蹿跳飞爬，卓奇怪异不胜枚举，连那最平常不过的花花草草也是不寻常的。

◎红毛七

◎七叶一枝花

◎楼斗菜　◎敦盛草

茫茫林海以参天之材为人类提供栋梁，离离弱草一春一秋生生死死却显得默默无闻，其实，草本是植物进化的高级阶段，以其对生存环境多样性的适应而种类繁多，远超木本。由于它适生性强，善于以种子保持生命、繁殖生命，故而占据了植被系统的顶端，陆生系统中几乎没有不生长草本的区域，足见它的生命力之旺盛。而在山区，从山麓到山巅，从溪畔到绝壁，无不见其身影，足见其广泛。

草有很多用处，所有重要的粮食都是草，如小麦、稻米、玉米、大麦、高粱等，猪牛马羊等各类家畜也都吃草。大自然中的野草不只是动物的食物，还能制造大量氧气和防止水土流失。

地球上已发现的植物中，草本植物占 2/3 以上，大约有 30 万种。

人类对草本植物的认识是一个循序渐

◎百草姜为先

进的过程，对其作用的发现也在不断丰富，远古人类生活就已经与这些弱草息息相关。在天台山下，炎帝故里，先民在这里开始了农耕文明，以炎帝为代表的智慧圣者开创了中华农业和医药科学的先河。

史传的炎帝教民稼穑、神农尝百草就发生在这一带。

面对株株弱草，炎帝为什么要遍尝，是生存需要？而草又为什么可以医病？这个是多么充满跨越性的思维，在历史岁月中，先民就这样开始探索了。

史传的《神农本草经》又名《神农本草》，是我国现存最早的药学专著，是我国早期临床用药经验的第一次系统总结，历代被誉为中药学经典著作。全书分 3 卷，载药 365 种（植物药 252 种、动物药 67 种、矿物药 46 种），分上、中、下三品，文字简练古朴，成为中药理论精髓。

书中对每一味药的产地、性质、采集时间、入药部位和主治病症都有详细记载，对各种药物怎样相互配合应用以及简单的制剂都做了概述。更可贵的是，早在 2000 年前，我们的祖先通过大量的治疗实践，已经发现了许多特效药物，如麻黄可以治疗哮喘，大黄可以泻火，常山可以治疗疟疾，等等。这些都已用现代科学分析的方法得到证实。

在我国古代，大部分药物是植物药，植物中草本占据绝大多数，所以"本草"成了它们的代名词。

不管《神农本草经》成书于什么年代，不管某些学者如何臆测批判，都不可改变炎帝尝百草的文化传承。而文化的传承是民族的灵魂，是与自然与自身交流的心法，生姜的发现就充分体现了这个意义。

传说远古时候在秦岭北麓盛行一种山风毒瘴疾病，不少人生命垂危。为解除先民痛苦，炎帝不怕艰难险阻，脚蹬树皮，腰系树叶，肩背藤筐，跨过九十道沟，尝了九十九样草，终于发现了杂草丛中散发出阵阵辛辣浓香像竹叶的小草，亲口试尝，得知辛辣无毒，健胃益脾。从此，炎帝走南闯北，向生民推荐。因为当地人姓姜，后又根据其能生食医病的特点起名叫生姜。

从此，生姜就成为医治人性命的良药，妇孺皆知。"冬吃萝卜夏吃姜，不劳医生开药方。"生姜的药用价值和保健价值可见一斑。

发现生姜的故事是一种传说也罢，是一种中草药发现图腾也罢，都是极为精彩的一页。

后人对姜多有记载。许慎在《说文》中解释说："姜作疆，御湿之荣也。"王安石在《字说》中说："姜作疆，御百邪，故谓之姜。"《礼记》有"楂梨姜桂"之句。《吕氏春秋》中也说"和之美者，蜀郡扬朴之姜"，对姜的味道进行了赞美。

今天，对生姜的认识更加全面。

生姜味辛性温，长于发散风寒、化痰止咳，又能温中止呕、解毒，临床上常用于治疗外感风寒及胃寒呕逆等症，前人称之为"呕家圣药"。姜能增强和加速血液循环，刺激胃液分泌，兴奋肠胃，促进消化，还有抗菌作用。

按中医理论，生姜是助阳之品，自古以来中医素有"男子不可百日无姜"之语。宋代诗人苏轼在《东坡杂记》中记述，杭州钱塘净慈寺80多岁的老和尚面色童相，"自言服生姜四十年，故不老云"。传说白娘子盗仙草救许仙，此仙草就是生姜芽。生姜还有一个别名叫"还魂草"，而姜汤也叫"还魂汤"。

考察生姜的生长和对环境的要求，我们会对生态的奥秘有更多的了解。

生姜根系不发达，入土浅，主要分布在30厘米左右的范围内。考察天台山炎帝故里姜城堡一带浅山区，山地土壤一般都不深厚，如果生姜需要深厚土壤，则难以在这里生长。

生姜喜温暖湿润的环境条件，不耐低温霜冻，16℃以上开始萌芽，幼苗生长适温 20～25℃，茎叶生长适温 25～28℃，15℃以下停止生长。天台山低山区下半年的气候正好适宜。

生姜喜弱光，不耐强光，在强光下，叶片容易枯萎，对日照长短要求不严，农谚有"生姜晒了剑（新叶），等于要了命"。天台山属于秦岭北坡，生姜正好适应这里的光照条件。生姜喜肥沃疏松、富含有机质、排灌方便的微酸性土壤。对水分要求严格，既不耐旱也不耐湿，受旱则茎叶枯萎，生长不良，高温高湿，排水不良，易致病害。宝鸡清姜低山区的土壤比较肥沃，富含有机质，水分排泄良好。

天台山姜城堡地域生姜的生态环境完美地展现了生物与环境的高度协调性和一致性，物竞天择充分得到了诠释。生姜不用种子繁殖，而用姜块行无性繁殖，虽然在热带能开花，却很少结果，还是以根茎繁殖，因而自然状态下它的传播受到限制，地域性特别明显。从炎帝发现生姜后，生姜开始被种植。今天的姜城堡依然保持着种植生姜的习惯，也许因为是生姜的最早发现地，这里的生姜肉质好，幼红老黄，味道浓郁，驰名中外。

天宝物华

宝物华

秦岭自然地理概览

TIANBAOWUHUA

太白星映　造化神奇

太白 太白（太白摩天）

　　太白开篇难！相信没有什么最合适的语言可以对太白山吐露最恰切的第一句。我们就权且无语，啊，一个感叹；哦，太轻了，唯有愕勉强可以与之，只有确切的"四声"可以表达秦地的厚重心情，可以比拟秦岭太白的巍峨雄峙！太白从何来，又向何处去，茫茫乎，不可语。

　　不可语，也可言，太白在天。

　　那凌云的一点就是拔仙台，就是六月雪，就是大爷海，就是云舒云卷……

　　唐代著名诗人岑参的《宿太白诗》云："天晴诸山出，太白峰最高。"

　　李白的《登太白峰》云："西上太白峰，夕阳穷登攀，太白与我语，为我开天关。"

　　李白的《古风·太白何苍苍》云："太白何苍苍，星辰上森列。去天三百里，邈尔与世绝。"

古人豪劲的诗歌让太白之高淋漓尽致地展现出来，人地关系的冲虚回荡、俯仰唏嘘永恒地定格为一种不可企及的意象。大哉精神！大哉太白！

太白山名由来已久，《尚书·禹贡》谓之"惇物山"，《说文解字》云："惇者，物之丰厚也。"可见古人对其得天独厚的物产早有发现，以"惇物"名山，也可见当时经济发展与此山关系密切。《汉书·地理志》谓之"太乙山"，据说为太乙真人修炼之地。《录异记》载："金星之精，坠于终南主峰之西，其精化白石若美玉，时有紫气复之，故名。"大抵是取太白金星之意称为"太白山"的。《古今图书集成》《关中胜迹图志》《眉县志》等均有记载，而"太白山"之名最早见于《魏书·地理志》中，隋、唐后一直沿用至今。《水经注》记载，太白山"于诸山最为秀杰，冬夏积雪，望之皓然"。过去，人们以太白山气势岿然，风雨无时，仅在六月盛暑时始通行人，俗呼"开山"。六月以外，雾雪塞路，人迹罕至，俗称"封山"。以致《水经注》有"山下行军，不得鼓角，鼓角，则疾风雨至"的近乎神话之说。今人已不受什么"开山""封山"限制，即可随时登山。"不得鼓角""疾风雨至"的说法只能说明山上气候变化无常。

北魏地理学家郦道元的《水经注》记载："汉武帝时，已有太白山神祠，其神名谷春，是《列仙传》中人。"

◎连绵山海

◎太白奇景

今之太白山包括原太白山、鳌山以及连接二者的跑马梁等，原太白山与鳌山东西对峙，两山名称来历不一。太白山夏商时称"惇物山"，周代称"太乙山"，至魏晋始称"太白山"；鳌山古称垂山、武功山，今又有西太白山之称。李白的《登太白峰》"愿乘冷风去，直出浮云间。举手可近月，前行若无山。一别武功去，何时复更还？"说的就是如今的鳌山。

太白虽高，却始终在人们面前，从文明开始，太白之耀眼就伴随着人类的脚步，它虽巍峨却可登攀，它远在白云间，却悠悠在眼前，它是一座仙山，一座宝山，一座让人敬畏的山。它离我们实在太近，不可分开须臾，伟大与平凡，高山与平原，山水依偎，云气弥漫，构成了人类与自然的实在与精神层面的完全融合，强烈的对比与和谐无可比拟。

历史在人事的过往中逝去，百代的认识散佚在零落的记载里。从体验与感想中走来，到了科学昌明的今天，我们对秦岭、太白山的认识越来越丰富，逐渐地可以以各种视角去分析，也可以全方位地去综合和观察。太白山也终将更全面更完美地展现它无穷无尽的奥秘，而生发出历史、人类的多重意义。

太白山主峰位于陕西周至县西南端与眉县、太白县交界处，以势拔五岳的气势独领中国东部最高峰，海拔 3767.2 米，遥遥摩天，孤峰独立，势若天柱，黄山、泰山不能比其高，同处秦岭的著名的西岳华山，也比它低1600 多米！

雄浑的太白山西起太白县城嘴头镇，东到周至县老君岭，南以湑水河在太白县黄柏塬以上的东西向河段为界，北至眉县营头。在东经107°19′～107°58′和北纬33°40′～34°10′之间，东西长约61 千米，南北宽约39 千米，山体近东西向展布。

地质力学认为，太白山处在秦岭受南北向挤压力最强烈的地段。在这里，我国最大的山字形构造体系——祁连山、吕梁山、贺兰山山字形构造体系的弧顶由北向南强烈挤压，而在南边，又受到汉南地块的有力抵制，太白山夹在此二者之间，因此，太白断块比秦岭其他部分易被抬高。

新生代以来，在南北向强大挤压力作用下，地壳中的物质迅速由两侧向秦岭部位集中，使秦岭急骤升高。与此同时，因秦岭南北两侧的地下物质一时得不到补充，而使那里的地壳表层失去平衡，发生断陷，在秦岭北边形成渭河盆地，在秦岭南边形成汉中盆地等，这样一来，使得秦岭的相对高差迅速增大。现在，太白山已高出渭河盆地3000多米，难怪古有"武功太白，去天三百"之说。

板块的运动是不平衡的，其速度时快时慢，其影响各处不一。扬子古陆板块时快时慢地向北俯冲，使得秦岭山系以跳跃的方式上升，并且在作用力最大、影响最强烈的部位形成秦岭的主峰太白山。

终于诞生了拔仙台，海拔3767.2米，雄踞于秦岭群峰之上，为太白山绝顶，成不规则三角形锥体，三面陡峭，雄险无比，孤高峥嵘，参天入云，巍然嶙峋，在云雾里隐现。台顶宽阔平坦，突兀的巨砾满布，向西南倾斜，西宽东窄，面积约84000平方米。台上有封神台、雷神殿，令人不由得想象出姜太公挥舞打神鞭，打得山崩地裂，云急雨骤，地辟天开！

沧桑与伟大

  根据地质资料，太白山的发育历史大概可以追溯到太古代，当时，秦岭地区为古海所占据。早期以类复理石建造的碎屑——碳酸盐沉积为主，而后仍以类复理石建造为主，但碎屑物较前为多，显示了海退的趋势，地槽趋于上升。由于嵩阳运动的结果，使太古代地槽开始褶皱回返，初步形成了一系列东西向的褶皱构造和断裂雏形。元古代初期，地壳再度下降，北侧形成了海槽，沉积了陆原碎屑——火山岩建造。后期因受吕梁运动的影响，地槽回返褶皱与太古代褶皱带一起构成了秦岭地轴。

  约在6亿年以前的震旦纪时，整个秦岭地区还是一片汪洋大海，当时这里地面凹陷下沉，海水不断变深，海相沉积发育，逐渐形成石灰岩、白

©冰川遗迹

云岩等，海底偶有零星火山喷发。在碧波荡漾的汪洋大海之中，除藻类繁盛外，比较高级的动物尚未大量出现，因此整个自然界显得格外寂静。

　　长期的隆起剥蚀致使震旦系和寒武系地层缺失，至奥陶纪初期，地轴局部地段急剧下降，沉积了一套细碧——石英角斑岩建造。4亿年前的加里东运动时期，地质构造运动频频发生，岩浆活动强烈，变质作用普遍，这里上升隆起逐渐褶皱成山，形成太白山之雏形。

　　加里东运动后地槽又回返，地层发生了轻微的变质，区内太古代褶皱带的背斜核部有一部分花岗岩侵入，并在一系列东西向的裂隙中充填了稀有元素矿化的伟晶岩脉。以后本区又不断处于长期的剥蚀状态，从而缺失了奥陶纪以后、中石炭纪以前的地层。

　　到海西、印支运动期间，地壳发生南北差异性的活动，其南形成了秦岭印支地槽，其北侧为秦岭地轴。长期隆起，沿东西向区域断裂有超基性岩侵入，后期北侧则有大规模的中酸性岩浆侵入。秦岭山脉的骨架已经形成。

　　在海西运动和印支运动中，多期构造变动、岩浆侵入和岩石变质使太白山之雏形得到进一步发展。近年来，测得太白岩基花岗岩的同位素年龄主要在2.06亿～2.29亿年，这正说明规模庞大的太白岩基主要是在印支运动中由于酸性岩浆的大规模侵入而形成的。

　　在地壳剧烈运动相对比较平静的时期，太白山地区以缓慢的上升为主，在上升幅度相对较小的低洼之处水流汇聚，形成河湖，河湖中沉积的泥沙

◎山脊上的路

◎地质遗迹

逐渐形成页岩和各种砂岩，特别是在加里东运动之后，绿色植物开始大发展，万木参天，密林成海，植物遗体在有些地方堆积起来掩埋于泥土之下，逐渐变成煤层。海西运动之后，逐渐进入爬行动物时代。躯体庞大的恐龙类动物，有的在林木中追逐，有的在水中嬉戏，有的在空中飞翔。整个自然界生气勃勃，再也不像从前那样寂寞了。

地表长期外露遭受剥蚀，使初露峥嵘的太白山逐渐被夷平。到距今1亿年左右的中生代晚期，这里地势低矮，起伏不大，已呈现出准平原状态。

在距今1.8亿～0.7亿年之间发生的燕山运动中，太白山再度上升隆起，酸性岩浆再次侵入，使太白岩基的组成更加复杂化，太白山基本定型。

此后，地壳运动还导致了大断裂的产生，太白山成为夹在两条近东西向大断裂之间的活动地块。这时，秦岭北侧大断层以北的渭河谷地向下断陷，此断层以南的太白山地块南北却产生不均衡的抬升。

燕山运动时期，在长期隆起的地轴上，由于南侧断裂的复活，开始了以断块活动为主的运动形式，形成了白垩纪的断陷盆地，沉积了一套陆相地层。稍后就是燕山期的花岗岩侵入，形成太白岩基。中生代末或第三纪初期，气候温暖潮湿，秦岭隆起缓慢，发生了大规模的夷平作用，将秦岭夷平为准平原状态，在中新世的喜马拉雅运动中，断块运动增强，并具有掀升的性质，秦岭隆起，渭河断陷盆地继续沉降，古老的夷平面遭到破坏，形成了北仰南倾的多级断块山地，太白断块就是其中的一个。正如张伯声教授所说，"整个北仰南倾是这一地区的地壳运动的一般情况。……秦岭和渭河平原可以看作两大断块，一升一降，其垂直差距在 3000 米以上"。

继燕山运动之后发生的喜马拉雅运动是太白山上升最剧烈的时期，当时，太白山块体以跳跃的方式急剧上升，北仰南俯更加明显，渭河谷地同时相对迅猛下降，其结果使得山地脊线迫近北部，太白山地块北部翘起，形成极为险峻的高山。太白山这种北坡陡峻、南坡较缓的不对称形态，正是地质构造运动造成的。

在新构造运动中，太白山地区隆起强烈，位于鳌山北侧的太白盆地形成于早更新世末或中更新世初期，它是承袭早期的断裂而又复苏的新生盆地，第四系的松散沉积物厚度近 400 米，鳌山北部的平梁对太白盆地的比高在 1200 米以上。在新构造运动中，鳌山北侧断层错动的垂直差距在 1600 米以上。黑水是一个先成河，在老君岭剥蚀面形成以前，黑水就在第三纪初期形成的古剥蚀面上向北流动；在老君岭剥蚀面形成以后，继续北流；在老君岭剥蚀面掀升时，黑水深切，才把老君岭与终南山分开，终南山及老君岭对黑水的比高都在 1500 米以上。这就说明，在老君岭剥蚀期以后的一段时间，太白山地至少升高了 1500 米，甚至可达 2000 米。在太白山北部各主要河流，如五里峡、白云峡、山岔峡、红河等的出山口处，在"U"形谷之下发育了深切的"V"形峡谷，峡谷深度多在 150 ～ 200 米以上。在这些深切的峡谷和南部太白河的峡谷两侧，普遍发育了季节性流水形成的悬沟，这说明在近期，直到目前太白山还在上升。

喜马拉雅运动和新构造运动在太白山地区表现为分阶段的振荡上升运

动，使一度停顿于较低水平的地区遭到夷平，而后又在上升的过程中受到侵蚀剥蚀而被改变，剥蚀面残留部分形成巨大的波状起伏，高处代表当时的冈陵，低处代表低洼的谷地。这种剥蚀面，在太白山顶面以下，在北坡可看到三级，即海拔 2600 ~ 2800 米、1800 ~ 2000 米、1100 ~ 1300 米。平安寺至斗母宫的长梁就是海拔 2600 ~ 2800 米剥蚀面的残留部分；1100 ~ 1300 米一级的剥蚀面在中山寺以下表现较为明显，上面堆积了黄土状物质，并形成了多级河流阶地。三级剥蚀面均受到多次抬升，引起的侵蚀剥蚀使这些区域普遍发育了套谷地貌。

从距今约 7000 万年开始的新生代以来，渭河谷地沉积物之厚度可达 5000 ~ 6000 米，太白山顶峰拔仙台已上升到海拔 3767.2 米。这里，沉降和上升的总幅度已超过 9000 米。上升、下降幅度之大，使人为之惊叹。

地壳的剧烈运动对生物界既是一种灾难性的袭击，又是一种迫使其发展进化的力量。一些幸免于难的物种通过改造自身，逐渐适应了新的环境而发展繁荣起来，一些物种被淘汰，还有一些物种被迫迁移。新生代之初，整个秦岭包括太白山在内，海拔都还不高，因此秦岭南北植物、动物差异不大。后来秦岭急剧升高，使秦岭南北自然条件产生明显差异，动植物也随之明显分化。第四纪冰期的到来对生物界又是一场严峻的考验，一大批物种被淘汰了，然而更多的、生命力更旺盛的新物种却出现了。人类正是在这个时期出现的。距今 115 万年前的蓝田猿人和距今数万年或一二十万年前的大荔人，当时都生活在秦岭北边的渭河谷地。

近年来，通过地质钻探还发现，在第四纪以来的 300 万年中，渭河谷地下降的最大幅度已超过 3000 米。据有关文献记载，太白山北面的眉县、周至、扶风、岐山、宝鸡等地，从公元前 1177 年到现在的 3000 多年中，曾发生过大小地震 51 次。目前，山地北麓的大断裂带上还分布着一些温泉。这一切都表明，时至今日，太白山的这种以上升为主的新构造运动仍在继续着。太白山顶部之所以至今还保留着中生代准平原的部分残面和第四纪冰川遗迹，这与太白山断块在新生代以来上升速度之快、幅度之大是分不开的。

摩天脊 跑马梁

放马平川不须言，高山跑马谁得见。

然而，在太白山上却流传着跑马的佳话。

从拔仙台至鳌山之间有一道长约 20 千米平缓开阔的高山准平原，人称跑马梁，海拔基本在 3300 米以上，高山反应明显，不见鸟兽，人迹罕至，这里砾石遍地，乔木绝迹，细草丛生，层层叠叠的砾石形状各异，大小不一，构成了一个个令人称奇与惊叹的图形。砾石的排布组成了无数几何图形，其中就有环状印痕酷似"马蹄窝"，于是就有了韩信与诸葛亮先后在此操练兵马的传说。

◎跑马梁

至今，太白民间仍有"汉王北出平三秦，跑马梁上练精兵"的传说。

诸葛亮效法前朝韩信，在此高寒之地操练兵马，使南国蜀军增强抗寒能力和体力耐力，更在这广阔的跑马梁上尽演八卦布阵之法。他以砾石列阵，石做疑兵，一列列似人、似象、似虎、似狮、似牛、似羊的巨砾悬立于石堆之上，形成了一个扑朔迷离的疑兵石阵，令人望而生畏。直至今天，跑马梁上的"石人阵"仍历历在目，风吹石鸣，山风作响，犹如千军万马挥戈操练。人们传说的"孔明北伐布疑兵，跑马梁上石人阵"，也可作为诸葛亮演练兵马操持兵法的一个意会吧。

今天的背包族行走在茫茫的太白梁上，疑问与幻想丛生，疲惫与饥渴

◎植被广袤

◎乱石嶙峋

俱来，步步艰难，在烈风或迷雾、或雨雪的陪伴下跑马的梦是做不得了。

稀疏的草被在四五十米甚至百米宽的山梁上衬托着石海，雄壮、苍凉，而蓝天、白云使得这里显得更加空阔、高远，天地浑然，如常见的草原与戈壁，它却比草原戈壁多了高度，多了刚强，多了厚重，多了轻盈的云。草甸和乱石中间有积雪化成或者雨水汇集的水潭，给行者也许鸟兽带来福音，为这个几近残酷的生活环境提供了生机。

但是，跑马梁上有很多白骨，是许多走不出跑马梁的人的尸骸，高寒的环境使得化学风化减慢，历年的枯骨得以保留，在低洼的森林线边也有许多枯死的松树，挺直的身躯孤傲地屹立在山冈上，为生灵唱着不死的礼赞。

长风猎猎，急云如飞，群山逶迤，四顾茫然，荒凉苍劲古拙空苦的山梁一望无际。

一切的外在都是缘于内在，跑马梁的形成乃是太白山形成之显露。

太白山是东、西太白山（东太白山——拔仙台，西太白山——鳌山）及其间的主脊跑马梁与一系列南北延伸的峰岭和深切河谷的组合体，由主脊和南北延伸的峰岭构成太白山的骨架，海拔多在 2600 米以上。从构造成因看，它是一个断块山地，太白山占据了太白断块的主体部分。顶面微

◎摩天脊

向南倾，东西长，南北窄，北坡极为陡峻，多深切峡谷或障谷；南坡较缓，河谷稍开阔。我们今天所说的四十里跑马梁主要是西跑马梁。

太白山山脊顶面是在中生代末第三纪初形成的准平原面的基础上，经第四纪的冰雪、寒冻风化和流水侵蚀等强烈改造作用而残留下来的古剥蚀面，古剥蚀面向南倾 5 ~ 7 度，其中以西跑马梁、鳌山及其以东和西北的平梁以及西跑马梁西端至灵光台间的长梁、拔仙台经南天门至凉水井间的穹状山脊最具有代表性。西跑马梁西端至灵光台间的长梁由北向南延伸，向南倾斜约 5 度，长约 9 千米。南段为宽 0.5 千米 ~ 2 千米、长约 4 千米的平梁，梁顶平缓，有比高近 30 米的平缓小丘，也就是地貌学分类中的岗地，海拔 2800 ~ 3200 米。主峰拔仙台 (东太白山) 3767.2 米，位于太白山的东端，是东秦岭山系的最高点。鳌山海拔 3475.9 米，位于跑马梁的西端，中间由海拔 3200 ~ 3600 米的跑马梁相连，构成太白山的主脊，它以 3000 米的巨大高差高出北侧的渭河谷地。

在海拔 3300 米以上的地区，寒冻风化异常强烈，现代冰缘地貌发育，在主脊及两侧保存较好，尤以拔仙台周围地区最为完整，冰斗、冰蚀湖、槽谷、羊背石、冰碛垄等冰蚀和冰碛形态极为清晰。

砾石及砾石之间有无数几何图形，酷似"马蹄窝"环状印痕、类似堤防样的乱石等等都是古老冰川以及冻融作用形成的，至于当年是否真有跑马的印迹保留至今，就需要细考了。科学对此的解释是，地表比较平缓的冰缘区，夹杂有碎石的活动土层中，水分冻结膨胀可把碎石上抬，其下的空间为细屑充填、补充，抬升到地表的碎石则向周边移动。这种冻融作用反复进行，便形成四周由较大的碎石环绕而中间微凹，平面上成环形地貌——石环。太白山区域的石环主要分布在跑马梁平缓处和三爷海、三官殿的低平地。

而许多人为的堆积也在太白梁上层出不穷，或为路标，或为掩体，或做他用，给自然造化增加了更多神秘。

◎行走笔架山

太白积雪六月天

在赤日炎炎的夏初抑或盛夏里，于瓦蓝耀眼的天空中，在八百里秦川，在山色天色一例的视角下，南山的太白山山峰，山巅如淡淡的白云，那就是太白积雪，高山积雪，酷热中的人们忽然间体会到一种意象，真实的意象，冰凉的希望滋生于心头，它的真实性那么强烈，不容分说，自然的炎凉会于一心，这就是秦岭太白山对人的垂爱。

郦道元在《水经注》里写道，太白山"于诸山最为秀杰，冬夏积雪，望之皑然"。元代人朱铎写太白山"雪花点翠屏，秋风吹不起"。明代时，王圻在《三才图会》中对太白山的终年积雪又做了进一步的描绘："山巅常有雪不消，盛夏视之犹烂然。"清代朱集义在《题关中八景》中描述太白积雪："白玉山头玉屑寒，松风飘拂上琅玕。云深何处高僧卧，五月披裘此地寒。"

"太白积雪六月天"是典型的高山寒带气候现象，宋代苏轼的《水调歌头》中"高处不胜寒"生动地表明了温度随高度降低的气象原理。夏季，太白山呈现山下热、中山凉、高山冷的气温垂直落差规律，据太白山自然保护区的一份资料：1979 年 7 月下旬，山下平均气温 27.4℃，中山是18℃，高山（3000 米以上）是 12℃，拔仙台一带下降到 7℃左右，最低下降到 −2℃以下。"六月积雪"，理固宜然，高寒气候，于斯宛然。

"太白六月飞雪天"自古被文人骚客传诵称奇，在夏商称"惇物山"，两周称"太乙山"，从汉魏开始，"太白山"终于由于"六月飞雪"之奇景而获得沿用至今、名副其实的太白山本名。

盛夏积雪既是地理景观，也是自然奇观。雪是空气中的水汽凝固时的降落景象，气温一般在 0℃以下，这种气温在关中地区显然已属冬天。夏季的关中，气温一般升高到 20 ～ 30℃，降水一般是"穿林打叶"、屋檐

◎六月积雪

淅沥之雨露。雄踞关中地区的太白山巅却不降雨而飘雪，非雨露滋润而是白雪飘洒。就纬度而言，夏季飘雪乃是万里之外高纬区乃至北极圈的造化景观；就季节而言，这在关中平原实在是夏日含冬、火中栽莲与颠倒反季的自然异象。

近几十年来，太白山的地形雪线已然不甚明显，至少在夏季是这样。地形雪线是指地面上实际可见的雪线，它是在山坡的坡向、坡度和坡形等地形条件影响下，山坡上终年积雪在夏季也不全融化的最低界线。温度、降雪量和地形是影响地形雪线的三个主要因素，地形还是原来的地形，但是关中基座温度的升高，北方干燥天气的加剧，使得太白积雪六月天的自然美景成为传说，于关中道很难看见，寻觅它只有登上太白山顶，身临其境，近观其质，才能搜寻冰雪的身影。

在山顶的一些阴坡洼处，你仍会看见分片的积雪——在夏季惊奇这冬天使者。而勇于挑战的登山者，时不时会遇见天色大变、飞雪来袭。去岁残冰犹未消，新雪片片冷夜落。寒帐无火相拥暖，六月恍如铁马年。

海拔 3660 米的山梁上的文公庙，有时在七月中旬，庙内阴处仍有残雪，常刮大风，气温难以上升。大爷海上的坚冰一般到七月份方可融尽，例外的年份，游人如织，而坚冰还在，给人恍然不真的感觉。

拔仙台北侧崖壁上的冰洞阴冷潮湿，寒气袭人，不知何年冻结之冰柱、冰块至今依然晶莹清丽，令人惊异。《眉县志》上称"洞中有万年不融之冰"，实在是真实的写照。

太白山的顶峰拔仙台，一年绝大部分时间都处在冰天雪地中，有时直到来年六月初，土壤仍未解冻，在这样的情况下，积雪自然可以保存得更长。

◎冰山雪峰

◎太白积雪

在寒冷多雪之年，这里冰山雪峰耸立碧空，终年不化，极为壮观。这里忽晴、忽阴、忽风、忽雨、忽雪、忽雹，天气瞬息万变，有时一天就能遇上几晴、几阴、几雨的变化，把太白山高山区的变幻莫测、风云万般彰显得惟妙惟肖。

在全球气候变暖的大环境下，冬季降水量减少，特别是夏季，在太平洋副热带高压的控制下，盛夏期间常出现高温炎热天气，形成伏旱，因此，每年农历六月，太白山已很少有积雪存在了。"太白六月飞雪天"作为气候雪线与关中远眺的审美景象，正随着全球气候变暖日趋式微、依稀于梦境了。

尽管全球气候变暖是太白山雪线变化的世界性背景，但从太白山的地理纬度、绝佳的地形特征言，恢复往日雪线景观仍有希望。从地理纬度看，东经107°，北纬33°，太白山的雪线高度大致在2900～4000米之间，是可能性区域。就地形而言，地势愈平缓，雪线高度相应愈低。太白山脊不仅异常平缓，且呈四十里的跑马场，准平原遗迹，是雪线下降的天赐理想地形。另外，北麓较之南坡，雪线一般也较低。现在的关键变量是降水与空气湿度，太白山现在的年降水量是800毫米左右，空气湿度中等。如果降水量能提高到1000毫米以上，空气湿度再略微提高，再加上太白山顶的极佳地貌，北麓的关中旧梦重温，唐代诗人祖咏笔下的"终南阴岭秀，积雪浮云端"就可能重现眼前，就能重新成为关中的现实美景，就能唤回我们沉睡多年的审美意境。

我们相信，作为一种恒常的自然地理规律，不会因为短暂的旋回而失去它的本真，随着人类对生态的修复，卓异超拔的高度、身处酷暑包围的太白山巅本真的属性给外围造成的美学景致是可以重现的。

这迫切地需要我们对自然的爱护、保护做得更好，迫切需要我们更加珍惜人类的精神栖息地。

太白山，六月积雪是不变的梦幻。

"太白积雪六月天"是关中八景中最让人神往、最给人慰藉、最缥缈超然的一种美景。

我们呼唤它。

石阵浩然

　　相信爬过太白山的人有一个共同的震撼，那就是漫山遍野的巨石方阵，有倾泻于一面山坡的，有沿沟谷成带状的，有在山巅夷平面的，绝大多数巨石都是一人高左右，它们不经意地横陈在一起，空隙足可容人，山坡之上的巨石随时都可移位或者崩塌，没有任何植被甚至苔藓地衣，让人们感受到一个触目惊心的绝境。这些都是缘于冰川的作用。

◎巨石英姿

第四纪是地球发展历史的最新篇章，在这一地质时代中，地球上曾多次出现过冰期和间冰期。冰川、黄土和沙漠、人类的出现，这是发生在第四纪里的三个重大事件，我国第四纪冰川基本属于山岳冰川。太白山高山区比较完整地保存着第四纪末次冰期冰川活动的遗迹。

晚更新世末，地球上气温普遍下降，太白山区大雪纷纷，粉妆玉砌，经年不化，于是雪线附近的山顶上和山坡上的低洼之处雪越积越厚。经过复杂的冰川形成作用，便形成了近于透明而带浅蓝色的冰川冰。冰川冰不断积累，增厚变大，在重力作用下流下山头，涌出冰斗，形成冰川。冰川的运动具有巨大的破坏作用，将遭受构造作用已然破裂的山岩生生拔起，整个拔仙台地区就遭受着冰川的拔牙作用，冰川消退后，寒冰释然去，独留嶙峋石。

太白山自新生代上升为秦岭的最高峰以来，高山区一直处在长年比较寒冷的气候控制之下，在冰川之前和冰川之后，甚至在冰川存在时，冰层的底部温度经常在0℃上下波动，再加上花岗岩类节理发育，冻融作用便十分强烈，并且持续至今，所以太白山高山区冰缘地貌极为发育。渗入岩石节理和各种裂隙中的水分随着昼夜更替，在温度降低时便冻结成冰，温度升高时，冰又融化成水，水结成冰以后体积要增加 1/11，在封闭孔隙中会产生每平方厘米 960 公斤的巨大压力，这种压力可使岩石裂隙扩大，气温上升，冰融成水，水便继续向裂隙深处渗透，这样一冻一解周期性地反复进行，就好像冰楔一样直到把岩石劈开崩碎。太白山高山区广布的大小不等的棱角状块砾，大都是这种冰劈作用的产物。杜甫名句"岁暮百草零，疾风高冈裂"未必全是对自然观察的写实描绘，但是对于冻融崩解却可传神写意。

当山坡上冻融崩解产生的大量碎屑充塞凹槽或沟谷时，由于厚度加大，在重力作用下发生整体运动，好像高悬在山坡上的一道道白色瀑布，这就是石河。文公庙梁和拔仙台周围石河极为普遍，有的石河目前仍在发展，这类石河的源头多在风化强烈的悬崖峭壁之下，整个石河从上到下似有分选，都由大块砾石组成；有的石河已停止发展，目前基本处于稳定状态，这类石河的源头多在浑圆形的山脊附近，由上向下块砾由小到大，似有分选，大大小小的倒石堆到处可见。有的石河下水流淙淙，常常是人在石上走，水从石下流，闻其声而不见其形。

拔仙台、跑马梁是一片杂乱堆覆的乱石滩，大小不等的块石，横七竖八无一定排列方向，又微具起伏，貌似海洋，故名石海。其形成过程，首先是基岩裂隙发育，雨水和雪水渗入，冻结成冰而后消融，这一长期的反复过程使岩体不断崩解，由整块变成大块、碎块，同时，雪蚀作用、融冻作用也参与这一过程。由于石块堆垒相互顶托，缝隙宽而深，降水渗入乱石滩成伏流状，同时将细粒物质带走，因而石块的表面缺乏细碎物质。梁顶光秃，石块裸露。高山草、灌木无法生长，而苔藓、地衣等植物贴附岩表，多呈灰色或暗黑色。

从冰期之初直到今天，太白山高山区冻融风化作用从未停止过；在新构造运动的影响下，强烈的冻融风化使裸露地表的岩石不断遭到破坏，形成大量块砾，太白山高山区甚至中山区就这样被冻融风化这把利刃快刀剥

◎太白山石海

◎石阵浩然

掉一层又一层的皮，再加上冰期冰川的挟带刨掘，间冰期流水的搬运冲刷，细小风化物随水而去，使太白山高山区变成今天这般伟奇的模样。和太白山中生代准平原面跑马梁能残存下来的原因一样，漫山遍野的高海拔区域太白山的第四纪冰川石阵地貌也被部分地保留至今，这不能不说是大自然馈赠给我们的一份珍贵遗产，一份让人怦然心动、欣喜折服的杰作啊！

神话般的冰湖

对于未曾攀登过太白山的人来说，一定听说过大爷海、二爷海、三爷海，但似乎只是一个神话的标签，而且名字很是土气，如同五台山文殊菩萨道场里的五爷庙一样，传统乡野文化的意味很重，你很难想象其真正的样子。那么，我们只有实际去领略了。

当跋涉者经过超越极限的挑战，终于接近拔仙台的时候，人困马乏，身心疲惫，一般是在夏日高秋这样的季节，暖季高山的气温虽然温凉，正午却也在一泻无余的烈日下，万里湛蓝，飞云如丝，高山石阵反射着耀眼的光芒，草被零落，天地寂静，生命在此感受到莫名的压迫，干渴与饥饿的人儿是何种的心境——困顿与绝望。

◎太白大爷海

◎太白冰湖

　　而忽然发现前方闪烁着天光，或湛蓝或碧绿，或波光粼粼，或似乎空无如镜，当你靠本能就知道那是水的时候，你的灵魂会忽然飞起来，那一方如大圆智镜一般的水面，让你顿悟到宗教无法言说之意境，你会忘记一切，这个就是玉皇池，或者是大爷海，或者是其他海子，而绝不是梦幻。

　　当你越走越近，可以闻见她的清香，可以感到她的清凉，可以触到她的水灵，可以掬起她的寒彻的时候，你却无法言说。

　　山巅谁粼粼，高天何澹澹。天地不知踪，人我何复求。

　　其实，这恍若瑶池的海子叫太白天池，也叫湫池，也叫太白明珠，她们一年大部分时间在粉妆玉砌的世界悄悄隐藏于无形，积雪消融后，露出的湖泊还是冰封状态，处于阴坡的大爷海在五月底的时候冰层厚度还达30多厘米，只有短短一季的时间是消融状态，在游人如织的拜访时段，她才展露那婉约超绝的风姿，大慰众生。

　　当回到现实的时候，你还是需要知道，这些湖泊是怎么来的，它的真实性没有问题吗？你这样刨根问底的时候，自然会告诉你原因，冰川的刨根问底作用创造了我们眼前的奇迹。

在太白山顶峰之一的拔仙台南北分布着6个冰斗、冰蚀湖泊，其中北侧最引人注目的就是被世人称为"大爷海"（雅称大太白湖）的山顶湖泊。冰川的冰蚀作用是一种奇异而巨大的作用力，冰能在坚硬的石质山坡上和沟谷中开凿出规模庞大的冰斗和槽谷。据测定，冰的莫氏硬度在0℃时为1～2，–15℃时为2～3，在–40℃时才是4。冰的硬度低只是一个方面，另外，冰在长期受力状态下易发生流变，0℃冰的抗压强度为每平方厘米2公斤，即22米深处的冰已处于可塑状态。冰的塑性流体遇到岩石突起只能轻轻绕过，所以，纯粹的冰川的侵蚀力量是很微弱的。那么，冰川刨掘地表的秘密究竟在哪里呢？原来，冰中一旦挟带上岩石碎块，则冰川的侵蚀力量就会变得相当惊人，特别是冰川两侧和底部的石块突出冰外时，就会像铁犁和锉刀一样，棱角愈尖，石块愈硬，则刻蚀力量愈大。冰川运动时，就使用这些"铁犁"和"锉刀"同时锉磨和刻蚀着冰川谷的两壁和谷底，这种作用就叫作刨蚀作用。在对地表刨蚀的同时，冰川还会把谷壁和谷底上的松动岩块的突出部分与自己冻结在一起，并在前进中把整个岩块掘出带走，这种作用就叫作掘蚀作用。冰斗、槽谷、冰阶、冰坎、冰蚀盆地等冰川地貌都是在冰川的刨蚀和掘蚀的同时作用下产生的。冰川中所挟带的岩块叫冰碛，因此，可以这样说，冰川之所以能侵蚀地表主要依靠冰碛。像太白山高山区这样的花岗岩区，冰川的侵蚀作用以掘蚀为主，在这种作用下，深凹在地下的高山湖泊被挖掘出就不是不可能的事情了。

冰川究竟可以刨蚀多深？也就是大爷海有多深？许多探险者包括外国的探险者进行了多次探索，大多无功而返，还有的殒命在深深的湖底。

有人曾经下水21米，还是探不到大爷海的海底，也有老乡说深度能达到27米，保护区组织的探险数据是探得的18米深度只是他们从下潜处到"海底"的垂直距离。至于大爷海最深处有多深，仍然是个谜！

传说大爷海水直通东海，深不可测，那它到底有多深？

希望给幻想保留空间！

在冰川冰蚀作用下的冰斗是一种三面为陡崖环绕、一面向山下敞开的圈椅形洼地，开口处为一高起的岩坎，称冰坎。冰斗多形成于雪线附近，一般把山地多年积雪区的下限叫雪线，雪线处的年降雪量等于消融量，只有在雪线以上才会有多年积雪。雪线附近降雪充沛，温度常徘徊在0℃上下，利于降雪堆积和冻结，又利于冻融作用的频繁进行，因而地表岩石多遭到不同程度的破坏。在冰川的掘蚀和刨蚀作用下，雪线附近的山坡上易于积雪的平缓处便被逐渐刨掘成一个个冰斗。冰斗底部低洼，冰川消退后往往积水形成冰斗湖。

大太白海冰斗和二太白海冰斗是目前太白山保存完整的两个典型冰斗。大太白海为黑河源头；二太白海在山南，亦为黑河源头。

大太白海冰斗位于拔仙台西北，东、南、西三面为崖壁环绕，开口向北；冰流溢出在开口处形成一背向开口倾斜的冰坎，下与冰川槽谷相连。冰川消退后，冰斗底部集水成湖，称作大太白海或大爷海。

大太白海形似椭圆，面积近5000平方米，湖面高程为海拔3590米，开口处冰坎高出湖面约15米，湖水从冰坎西边缺口流出，并顺着冰斗下端之槽谷流下。湖水清澈碧绿，冰冷刺骨。湖面景色多变，平静时崖影倒垂，坠日沉月，绮丽动人。

◎太白天池

据《眉县志》记载："大太白海三十余亩，清鉴毛发，无寸草点尘，无诸水族……"多年来，湖水日益减少，湖面不断降低，后来，由于人工筑堤，湖面才有所抬升。大太白海冰斗内布满大大小小的块砾，其粒径多在 0.2 ~ 2.0 米，表面呈浅灰色，风化不显著。块砾间碎屑泥质物极少，仅有少量小砾石和砂粒。冰斗后壁崩塌所形成的倒石堆和一些大块落石不断充填着冰斗底部，使冰斗内部逐渐变小。

二太白海冰斗位于拔仙台西南，斗口朝南，其规模远比大太白海冰斗大。二太白海冰斗湖称作二太白海或二爷海，湖面高程为海拔 3650 米，比大太白海湖面还高 60 米，是我国内地海拔最高的高山湖泊。二太白海冰斗的特点与大太白海冰斗相似，只是二太白海湖面缩小、湖水变浅的幅度比大太白海要大一些。

冰川消退后，在槽谷每一冰阶的冰蚀盆地内常常集水成湖，这种湖叫作冰蚀湖。

三太白海位于二太白海槽谷的第二级冰阶内，又叫三爷海，是一个受断层影响的冰蚀湖，湖面高程为海拔 3485 米。以前三太白海的面积在 7 万平方米以上，而现在大部分已被冰碛和冰缘堆积所充填，湖水已退到冰坎附近，湖面越来越小。三太白池亦在山南，为石头河源头。

玉皇池位于二太白海槽谷的第三级冰阶内，它是太白山目前湖面最大的一个冰蚀湖，面积约 9 万平方米，湖面高程为海拔 3350 米，湖前有一残存之终碛堤。这种地貌组合形态和其他一些特征都说明：稍早的一次冰川运动侵蚀作用较强，在此刨掘出一冰蚀盆地。后来的一次小冰川只运动到这里，冰舌一度在此停留，冰川中的大量冰碛在前面堆积而形成一道终碛堤。随着小冰川的消退，冰蚀盆地中集水便产生了玉皇池。

位于二太白海槽谷末端的三清池是一冰碛湖，它的前面是终碛堤。由这里向下，冰川遗迹已经消失，因此这里可能是太白山稍早的那次冰川活动所达到的最低位置。冰舌在此停留时形成终碛堤，冰川消退后，终碛堤堵水而形成冰碛湖三清池。目前，三清池已被各类沉积物填满，而终碛堤上的蓄水池为后来人工所挖。

二太白海、三太白海、玉皇池、三清池四湖连成一线，形似串珠，碧波荡漾，怪石重叠，湖光山色，引人入胜。

神奇的大爷海湖面平静，碧波荡漾，清澈凛列，洁净无尘，含月映日，据说，湖水如此清澈还有一种神鸟的功劳，该鸟被人们称为"净水童子"，实际上这种鸟叫作白顶溪鸲，专门以捕食湖中的"小虾"为生。白顶溪鸲大若燕子，背黑胸红褐，头顶有白色斑纹，鸣声"啾啾"，飞行敏捷，或贴水飞行，或仁立湖边石块上，见人不惧，惹人喜爱，日夜守护在池旁，池中一有落叶，它立即衔走，使得池水无寸草点尘，清鉴毛发。更有趣的是，当一只鸟衔不动杂物时，往往是两只鸟抬着衔出水面。

呜呼，鸟也如此，何况人乎，当自深思。

近日，在太白山保护区也出现了一支"净水鸟"队伍，他们是环保志愿者，穿着环保服，提着垃圾袋，不但与"净水童子"一道清洁大爷海等高山湖泊的杂物，他们更把手伸到岩石的缝隙收集那些不文明的来者抛撒的生活垃圾，也到杂草灌木丛中捡拾垃圾，他们比"净水童子"活动的范围更大，他们净化着被污染破坏的太白山。

他们的眼眸里都有一个个干净纯洁的湖泊。

太白岩石

在莽莽的太白山，感受深刻的是石阵，是石河，是峭岩，是绝壁。在河道，在山坡，在山巅，都是石的世界。

这些表面横陈的巨石和漂砾延伸到了不可穷尽的大山深处，沉沉地下。

太白山的石头形形色色、各种各样，把山岩之石的刚硬和多彩展现得叹为观止，尤以太白花岗岩最为突出。

太白山的主体由太白花岗岩构成，在岩浆岩的分类里属于深成岩石，就是在地下比较深的部位形成，而且是属于岩基部位，岩基是庞大的岩浆岩侵入体的根基部位，动辄上百千米。印支运动时，大规模的酸性岩浆侵入，形成太白岩基。

太白花岗岩的岩体呈近东西向椭球状分布，东西长 70 千米，南北宽 10 千米～ 30 千米，大体以拔仙台为中心。当然，这个出露部分是就地表层而言，它的下面到底多大，目前还没有确切资料。北部与前奥陶系变质岩系呈断层接触，南部与泥盆系为断层或侵入接触。岩体西部有下白垩统不整合覆盖于岩体之上，岩体南部熔融程度较高，形成典型的闪长花岗岩及二长花岗岩，岩体生成时代为三叠纪，距今 2.31 亿年。

◎ 壮观石阵

◎太白岩石

太白山出露的岩石以经受过不同程度的变质作用为特征，岩石五光十色，复杂多样。岩石分布更是变化多端，规模不一。有的大片出露，构成一座座山峰；有的成条成带；有的星星点点。这一切既使人眼花缭乱，又使人留恋不舍，它颇像一座令人着迷的"岩石宫"。

具有片麻状构造的岩石在太白山出露得最广，常见的有花岗片麻岩、石英片麻岩、黑云母片麻岩、黑云母石英片麻岩等，另外，还可见到斜长片麻岩、正长片麻岩等。

片岩类以云母石英片岩、角闪石英片岩为主，其次是黑云母片岩、绿色片岩、石英片岩等。

千枚岩、石英岩、大理岩和蛇纹大理岩等在太白山均有出露，甚至在有些地方还可见到与煤相似的碳质千枚岩。

对于太白山来说，各类复杂多样的变质岩只是它的外表，是古老的外衣与碎片，它的主体是规模庞大的花岗岩体，被称作太白岩基，大体以拔仙台为中心，分布在900多平方千米的范围内。拔仙台一带出露的主要是变质轻微的角闪石花岗岩，另外，还有呈片麻状构造的花岗岩，而黑云母花岗岩在太白山也有较大面积的出露。

这一规模庞大的花岗岩山体主要是在地质构造运动中，地下酸性岩浆不断向上侵入，最后逐渐凝结成岩的。太白岩基的形成绝非一朝之功，而是经历了漫长的岁月和复杂的变化。

太白山如此繁杂的变质岩正是在一次次的地质构造运动中，在地质内营力的作用下，在地下岩浆侵入体多期侵入、反复影响下逐渐形成的。再加上后期的一些石英脉、长石脉等的灌入影响，使得太白山原来的各类岩石都发生了不同程度的变质。

从营头入山到沙坡寺，沿途出露的有各种片岩、石英岩、千枚岩和大理岩等，这些岩石都是由沉积岩变质而来的。

片岩和千枚岩样子很奇特，好像是把许许多多平行排列的薄片紧紧地压挤在一起，它们主要是由泥质岩石变质而成的。由石英砂岩变质而成的石英岩致密坚硬，因含杂质而呈现出各种颜色，有白的，有黄的，有紫的，有黑的，闪闪发亮，近于透明，尤其是因含氧化铁而呈血红色的石英岩特别引人注目。石英是制造玻璃的主要原料，设在营头的眉县玻璃厂生产的花玻璃，正是以这些石英岩为主要原料的。大理岩颜色纯白，这是碳酸盐类岩石变质的产物，大理岩色泽美观，加工容易，是很好的装饰石材。纯白而致密的大理岩古有"汉白玉"之称，是建筑装饰、艺术雕刻的重要材料。颜色暗黑的碳质千枚岩就出露在由高庙下李家河的路旁。这些岩石都是太白山沧桑巨变历史的最好见证。

由沙坡寺向上，以具有片麻状构造的各类岩石为主。片麻状构造是一种深浅色泽相间的断续的条带状构造，片麻岩都具有这种构造。在片麻岩中，暗色矿物像许许多多的麻点，分布时密时疏，有一定方向，因而使岩石颜色深一道浅一道，相间出现。

从刘家崖到斗母宫，肉红色花岗片麻岩最为醒目，这是由于岩石中富含钾长石。此类花岗片麻岩岩性较纯，主要是由花岗岩变质而来的。大殿和斗母宫一带是太白山岩石变质程度最深的地带。

从平安寺向上，岩石变质程度逐渐变浅，拔仙台一带的花岗岩仅仅受到变质作用的轻微影响。

太白山的花岗岩、花岗片麻岩、片麻岩等结晶岩还有一个共同的突出特点，那就是节理发育。节理是岩石中的一种裂隙，是强烈的地质作用力拉张或者剪切造成的。太白山处于构造作用力的集中地带，因而太白山花岗岩岩体以及其他岩体不可避免地要遭受构造破坏作用力。岩石中的节理是风化侵蚀进入深部的最好通道，纵横交错的节理把岩石切割成方块，使岩石发生块状风化。岩石的块状风化对太白山中山地带和高山地带地貌的发育过程有着直接的影响，它奠定了太白山石头的外貌变化格局，也为万千的风化作用开了方便之门。

◎玛尼石堆

高山阻黄土

以太白山为最高山的秦岭是一座金石之山，但是，它也不是远在广寒宫的凌虚仙子，它深深地植根在大地，与它周围的一切密不可分。我们熟知的黄土高原就是以秦岭为南界，它成为地质灾害的屏障，也促成了黄土高原的完整。

秦岭作为中国南北气候的分界线，是在它峭然拔高后的事情。在秦岭拔高后，中国北方发生了黄土高原的形成作用。青藏高原形成后的气候分流作用使得中亚一带的沙尘沿西北向东方滚滚而来，而秦岭此时也成为一道墙壁，让这一股浩瀚的气流、沙流、粉尘流顺势而去。南北走向的吕梁山、太行山由于高度不够而无法完整阻遏流体，就被劈头盖脸覆盖了黄土。渭河岸边的秦岭虽然也被尘染沙打，却毕竟让秦岭以南保持了山明水秀。

我国黄土发育分为三个时期：早更新世，相当于第一次冰期，气候比新第三纪干寒，发生午城黄土堆积；中更新世，发生第二次冰期，气候进一步变干，堆积了离石黄土，范围广、土层厚；晚更新世第三次冰期，气候更加干寒，堆积了马兰黄土，厚度虽小，但分布范围更广，南方称下蜀黄土。进入全新世，气候转为暖湿，疏松的黄土层经流水侵蚀形成了沟壑纵横、梁峁广布的破碎地表。在这漫长的历史阶段，大约从距今100多万年的早更新世晚期开始，时断时续，到了晚更新世，黄土才开始大量堆积，因此晚更新世又叫大黄土时期。大黄土时期，我国气候以干冷为主，西北风长驱直入，把蒙古高原上的沙土直接吹送到黄河流域，甚至到达长江南岸。当时秦岭以北干燥寒冷，草木稀疏，一片荒凉景象。每当强风过境，黄沙滚滚，尘土弥漫，天地昏黄，日月无光，满山遍野都披上了黄土，日复一日，年复一年，举世无双的黄土高原就在我国黄河中游地区堆积形成。

秦岭也在这个阶段发生着变化，继续拔高，冰期与间冰期，淋溶剥蚀与堆积都没有停止，它阻遏气流的作用也没有停止。

根据科学研究，沙尘暴在接近其源区的区域，粉尘气溶胶浓度的最大值在1000米以下，在中国内陆，类似北京和西安这样的城市，其峰值通常在1000～3000米高度，当时的秦岭已经达到这样的高度，作为顺向风下的秦岭就自然而然地阻挡了风沙，而且沙尘暴中大颗粒主要在低空和近地层，物质浓度在中下层最高，秦岭的作用就愈加明显。于是，在今天的秦岭北麓就出现了明显的黄土分布。

秦岭以北的狭窄黄土地带属渭河平原的南缘，在地貌上被称作分割状山前黄土塬。分割状山前黄土塬的塬面高程多在海拔800米以下，主要分布在秦岭北麓，是渭河平原南缘的小段。太白山脚下的五丈原就属于分割状山前黄土塬；终南山以北的白鹿原、少陵原、神禾原也是其中的典型。

太白山山麓分割状山前黄土塬由一道道黄土长梁与梁间河谷川道组成，这些黄土长梁形似叉开的手指，由南向北延伸。黄土塬的下部为砾石层，上部为黄土层。组成分割状山前黄土塬的这些黄土长梁自西向东，大体并列，其表面呈波状向北倾斜，这是由于石头河、霸王河等出山水流的长期侵蚀切割而形成的。这些河流源短坡陡，水流湍急，暴涨暴落。每当山洪暴发，洪水奔腾怒吼，横冲直撞，水中巨石翻滚，东碰西撞，常常崩岸毁堤，造成水灾，同时还将大小砾石堆满河床。据多年观测，石头河在斜峪

©高山阻黄土

关处的最大流量可达每秒 1050 立方米，是该处最小流量的 1050 倍。所以，石头河、霸王河等河流冲刷力之强、搬运力之大确是十分惊人的。由于这些来自山区的河流的冲刷力极大，加之昔日渭河的侧向侵蚀，使得近水的黄土塬面几近消失。

营头稍南直到刘家崖，属黄土覆盖的石质低山，地面高程主要在海拔 800 ～ 1300 米之间，以过桃川、刘家崖的断层与中山区为界。

在蒿坪寺以下，黄土覆盖面积广大，土层较厚，而在蒿坪寺以上直到海拔 1800 米的上白云附近，黄土仍有零星分布，不过土层显著变薄。黄土之下的基岩主要是片岩、石英岩、大理岩和千枚岩等变质岩。

黄土覆盖的石质低山地形起伏兼有黄土地貌与石质山地地貌的综合特点，这一带相对高差不大，黄土掩覆，山头浑圆，而在山下基岩裸露处，水流常沿着断裂带侵蚀切割，形成幽深的峡谷。

由此，我们看见了黄土随高度的变化规律，虽然也有高度下的剥蚀原因，但是，基本的堆积和搬运规律是不可改变的。

黄土是一种尚未成岩的沉积物，遇水湿陷，极易冲蚀，但是也是很好的成土母质，在金石之山，它是难得的细粒物质，在黄土上生长着丰富的动植物，在陡峭和多水分的秦岭，保护好黄土是十分重要的事情。

山峦和山前的黄土台塬也是很美的景致，让整个太白山的景观带更加丰富和多姿，俊俏和柔媚，坚硬与浑厚，黄土塬梁峁如被状覆盖中低山区，与太白山高山区裸岩无遮高下对应，无不内外相和，尽显绵绵大气。

林海如带　景观层染

　　高耸入云的太白山不但创造了"太白积雪六月天""高处不胜寒"，也顺手成就了气候的"十里不同天，步步寒凉变"，而与此同步的植被也物竞天择，择地而生，森然有致地建构了一个庞大的生态系统，一个步步景观、层林转换、如带如烟、天衣无缝的生命世界从平地直上太白巅，在景观科学上制造了一个无与伦比的植被带谱。

　　从南坡的基座气候北亚热带开始，太白山接着从暖温带（北坡的基座气候）到温带再到寒温带以至高山亚寒带甚至高山寒带的气候环境为动植物提供了鲜明的不同的生长条件，而动植物就在与自己相适应的区段安营扎寨了。

　　山地垂直带谱的制约因子主要是地形海拔下的气候变化，而随后衍生了土壤与植被的变化，气候在几千米的垂直变化，推演了平原地貌的千里景观，而植被也是同步展现，给人的感觉确实有乾坤挪移的味道。

　　当人们在炎炎夏日穿越太白山森林公园，从炎热到温润再到凉爽，景观林带移形换影，林型从茂密到疏朗，林冠从圆柔到尖俏，叶片从阔大到针芒，终至高大的乔木若有若无，成为草灌的天地，长风呼啸，草灌匍匐，一切都来得那么快，炎凉与物种如过眼烟云，这个就是自然造化的神奇。

　　从山下开始攀登太白山，你将会看到这些清晰的变化：栓皮栎景观林带、锐齿栎景观林带、辽东栎景观林带、红桦景观林带、牛皮桦景观林带、巴山冷杉景观林带、太白红杉景观林带、高山灌丛草甸景观带。

　　栓皮栎林分布于海拔 800～1300 米之间，在垂直分布与水平分布方面均较宽广。由于长期人为活动，这一带浅山凡可耕者皆已垦作农田，但仍在难以垦作的地段保持有相当部分的栓皮栎林。

　　下木主要为黄栌，其次为盐肤木、榛子、胡枝子、胡颓子、忍冬、绣线菊、

◎盘根错节

莱莲、卫矛、枸子、野樱桃、悬钩子、马蹄针等，林下草本植物有茵陈蒿、黄蒿、紫苑、野棉花、北柴胡、苔草、禾草、茜草等，藤本植物有葛藤等。

锐齿栎林主要分布于海拔 1300 ～ 1800 米之间，上界与辽东栎林接壤，下界与栓皮栎林相连，分布范围也很宽广。有成片之纯林，林相整齐，郁闭度在 0.7 左右，生长良好。

林下及层间植物种类繁多，而藓类植物已少见。松花竹已绝迹。

辽东栎林主要分布在海拔 1800 ～ 2300 米之间，本亚带上接红桦林，下连锐齿栎林，林分组成比较杂乱，树种繁多，少见有纯林者，乔木达 40 余种，主要有槭、椴、椅杨、山杨、华山松、油松等。

太白山垂直带谱中红桦林是十分吸引眼球的林带。红桦林亦称纸皮桦，树皮呈淡红或红褐色，喜光，树冠宽大，多为卵形。喜湿润空气，自然更新好，病虫害少，生长较牛皮桦迅速，躯干高大饱满，材质优良，树龄约 90 年。树高 18 ～ 20 米，也有高达 25 米者，胸径 20 厘米以上，分布面积较广，是一相对稳定的林分。红桦林在北坡分布在海拔 2200 ～ 2750 米，在南坡分布在海拔 1900 ～ 2650 米。林下土壤为山地暗棕壤。

◎景观层染

◎太白林海

　　组成红桦林的植物有 126 种。常为红桦纯林或以红桦为优势种的混交林。红桦林的结构复杂，可分为乔木层、灌木层、草本层，随林型不同，各层的组成种类变化较大。

　　乔木层郁闭度 0.5 ～ 0.8，以红桦为优势。伴生树种以华山松、巴山冷杉、牛皮桦、辽东栎、山杨等为常见，在不同的生态地段则有明显的差别。太白山的桦木林多为过熟林，由于林内的桦木幼树不能适应阴湿的环境，因而林内更新状况普遍不佳。在红桦林内的空地上，有成片的红桦幼林出现，其被破坏后，由于萌芽力强，能很快重新成材，此亦为太白山独有特征。

　　桦木为冰川退却后最早形成的树木之一，耐寒、速生，因而它在太白山的生长也是作为对太白山冰川的见证。

牛皮桦又名毛红桦，分布在海拔 2800 ～ 2900 米之间，也可达 3000 米的高度。林下多巨石，土层浅薄，立地条件差，林木生长不良，林相一般极不整齐，牛皮桦在冷杉林破坏之后立即补位，形成牛皮桦纯林或巴山冷杉、牛皮桦混交林。

牛皮桦林之下木种类较简单，覆盖度小，主要有茶藨子、花楸、忍冬、杜鹃等，地被物以苔草、藓类为主，其次尚有赤芍、蕨类。

牛皮桦林为落叶阔叶林中分布最高的群落类型。林地土壤为山地暗棕壤。

牛皮桦林的组成植物有 104 种。因牛皮桦的适应性较广，故林内环境较复杂，群落结构变化大，形成的类型（群丛）较多。

乔木层常以建群种牛皮桦为主而形成单优群落，林内也常有巴山冷杉、太白红杉、红桦混生。树高 7 ～ 15 米，最高 20 米。胸径 13 ～ 25 厘米，一般 20 厘米。树龄 70 ～ 130 年，为过熟林。郁闭度 0.4 ～ 0.8。林内枯枝较多，生长不良。林下灌木约 40 种，优势种类有金背杜鹃、秀雅杜鹃、太白杜鹃、华桔竹、陕甘花楸、冰川茶藨子、峨眉蔷薇等。草本植物以苔草、小花风毛菊、扭柄花等为常见种类。林下苔藓植物发育。

太白山的桦木林在秦岭山脉的其他山峰并没有分布，乃太白山森林植被中的独特群落，尚有待进一步研究。

© 高山杜鹃

巴山冷杉林分布在海拔 2800～3200 米之间。土壤为山地灰棕壤。建群种主要为巴山冷杉。在北坡由于长期人为活动的影响，林相破坏，牛皮桦侵入，故在北坡很少见有大面积纯林。南坡的冷杉林生长良好，林相整齐，平均直径 30 厘米，树高 25 米左右。

巴山冷杉林因历遭摧残，现仅分布在海拔 2800～3000 米之间，其上连太白红杉林带，下接桦木林带，但也有冷杉居高处，太白红杉处下部，形成所谓"倒置"的现象。例如，在太白山东南坡的玉皇池至三清池一带，沟谷宽阔，阳光充足，沟底及溪旁两侧遍布太白红杉，枝繁叶茂，长势相当良好，而渐次升高至谷岸两旁的小山上，则被苍劲的巴山冷杉所占据。这种现象在南坡的老庙子和西太白白起庙梁下部均有所见。

构成巴山冷杉林的植物有 89 种。群落结构复杂，分化较大，一般可分为乔木、灌木、草本及地被层等四层。因群落内环境阴湿，故不能形成明显的灌木层或草本层，但地被层发育良好。

太白红杉林分布在海拔 3200～3400 米之间，即由文公庙至放羊寺全为太白红杉林。土壤为亚高山森林草甸土，在上部土壤比较瘠薄，林木生长缓慢，尤其靠山脊梁，干形弯曲低矮，150～200 年生者，高仅 2～4 米。

西太白梁上的红杉林生长更为缓慢，树龄 300 年以上，而树高不足 5 米。但在下部海拔 3000 米左右与冷杉林相交处，一般生长均较好。如南天门西坡的红杉直径 10～30 厘米，高度达 15 米以上者年龄在 150 年左右，立木整枝完好，树势挺拔，基本保持原始状态。

林下木主要有鳞桧、头花杜鹃、高山绣线菊、大萼忍冬、刺毛忍冬、华西银腊梅；草本植物常见的有大叶碎米荠、太白银莲花、美观马先蒿、圆穗蓼、五脉绿绒蒿等；药用植物有太白米（假百合）、铁棒锤、太白韭（大花韭）、高山罂粟等；藓类主要有塔藓、泥炭藓及垂枝藓等。

组成太白红杉林的植物有 80 种。由于生态环境复杂，林型变化大，群落的结构就显示出多样性。太白杜鹃—太白红杉林、头花杜鹃—太白红杉林、华西忍冬—太白红杉林等群丛的结构由乔木层、灌木层、草本层组成；藓类—太白红杉林、泥炭藓—太白红杉林等群丛的结构只有乔木层和地被层，林下的灌木和草本植物不能成层；毛状苔草—太白红杉林、羊茅—太

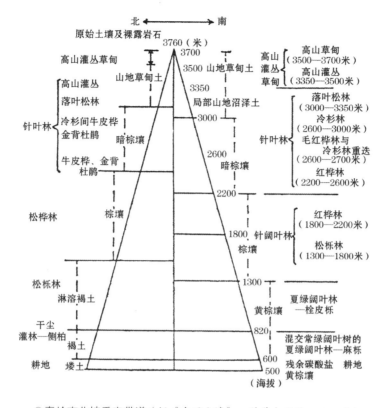

北 ←→ 南

◎秦岭南北坡垂直带谱（据《中国土壤》，科学出版社，1978年）

白红杉林等只有乔木层和草本层，而无灌木层。

太白红杉林和巴山冷杉林内常附生大量的松萝，形成特殊的"雾林"景观。

太白红杉林和巴山冷杉林是太白山森林植被中的稳定群落。

登太白山看垂直带谱，已经成为寻常百姓的一项活动，也是旅游中响亮的口号，身临其境看到高山杜鹃花开，看到红桦林，看到冷杉林，看到高山草甸，等等，高大显见的植被变化确实是让人心动感叹的生命帷幕，一幕幕拉开，闭上，直到云霄，喟然赞叹，谁能免之！

太白无闲草

  茫茫林海是古老雄浑的太白山的萧萧外在，而秀外慧中的林下草本却潜藏着无尽的能力，它们不但以自己的柔美纤细默默装点着任何一块生境，成为生态系统中最为活跃的因子，而且以其服务于人类、疗治疾病的中草药特性而博得了"太白无闲草"的美誉，就是说，太白山上的任何一个普普通通的草叶花瓣根茎种子也许都有医人救命的功能。

  秦岭自古就有药山之称。"去天三百浮云间，积雪捧海壮奇观。举目云海贯宏图，俯首满山尽灵丹。"唐代名医孙思邈、王焘均在太白山中钻研过中草药。秦岭药用植物十分丰富，共有药用植物 2271 种，其中仅太白山中草药就有 640 多种。不少人说，游一次太白山，就等于读了半本《本草纲目》。

  太白山药用植物主要分布在草本植物中，许多药用植物都有着有趣的民间传说。"手儿参"植物名为"凹舌兰"，块茎呈圆锥状，常分数个叉，白色，状如手掌，故名手儿参，有滋补强壮、补脾润肺的功能，与人参相似。相传人参原来生长在太白山，被人发现后，连夜逃跑。药王孙思邈闻讯后，立即带人追赶，一直追到长白山才追上，药王下令将人参用绳倒绑双手带

◎独叶草

◎楼斗草

◎佛甲草

◎毛杓兰

◎太白米

◎萱草

◎紫堇

◎轮叶景天

◎太白龙胆

回太白山，可回到太白山一看，只剩下人参的两只断手，从此以后，人参便在长白山落户，而太白山就只有手儿参了。具有补肾壮阳、祛风除湿等功能的鹿蹄草则相传是一只金鹿的杰作。相传很久以前，王母娘娘身边的一只金鹿私自跑到太白山游玩，王母娘娘发现后立即派神兵捉拿，金鹿使尽神力，跃起四蹄，奔向天涯海角，直到海南岛的南端才被玉索套住拉回。金鹿奔驰时，留在太白山上的蹄印变成鹿蹄草，而金鹿被捉住的地方，至今仍叫鹿回头。

太白山"重峦俯渭水，碧嶂插遥天"的磅礴气势中孕育着太白贝母、太白黄连、太白米、太白花、太白茶、太白三七、太白黄精、太白鹿角、太白艾、太白美花草、太白小紫苑、太白参、太白树等以"太白"命名的重要药材。

太白贝母是一种多年生草本植物，多生长在海拔 3000 米以上的岩石裂缝中，有润肺、化痰、止咳的功能，是治疗呼吸道疾病的最重要的中药之一。

"祖师麻"和"百步还阳丹"都是医治跌打损伤的重要草药。"祖师麻"植物名叫"黄瑞香"，是一种落叶灌木，有祛风除湿、温中散寒、活血止痛的功效，民间有"打得顺地爬，离不开祖师麻"的谚语。"百步还阳丹"植物名叫"鸟巢兰"，是一种多年生草本植物，可强心兴奋、活血散瘀、接骨生肌，有使垂危病人回生的功能。"尖叶小羽藓"是一种重要的药用藓，从这种藓中提取出的青苔素，其消炎作用不亚于青霉素。"地蓬草"能补肾健肝、清心明目，对于眼睛的疾病有较好的疗效。

近年来，还发现了植物名叫"黄底石耳"的"红石耳"，它不仅是一种健胃良药，而且还具有抗癌的功能。"满天星"植物名叫"细叶泥炭藓"，不仅具有清热明目、消肿的功能，还具有极强的吸水性，因而还可以做代用药棉。

癌症是一种严重危害人类健康的疾病，而目前秦岭山中仅太白山一地可用于癌症治疗试验的药物已有 11 种之多，其中，"桃儿七"植物名叫"鬼臼"，其所含的足叶草树脂、足叶草毒等物质有抑制癌细胞分裂和抑制肿瘤生长的功能，对治疗皮肤癌有较好的疗效，民间也常用于治疗子宫癌和食道癌。裸子植物"粗榧"是一种常绿小乔木，其中含有三尖杉酯碱、高三尖杉酯碱等抗癌物质，对白血病有较好的疗效。目前已发现的菌类抗癌植物还有"猪苓""猴头""桦灵芝"等。

老百姓熟知的药用植物还有：

红毛七：用于治疗跌打损伤；

铁线莲：可治关节痛；

敦盛草：治风湿腰腿痛；

七叶一枝花：清热解毒，消肿止痛；

耧斗菜：常用于治疗妇科病。

具有神奇色彩的"七药"大多具有活血止痛、抗癌消肿、祛瘀除痹等功效，是秦岭药用植物奇特而典型的代表。关于"七药"的名称众说纷纭，明朝李时珍对"七药"的解释是："青其叶左三右四，故名三七。"太白山"七药"

被赋予了许多形象生动的名字，诸如具有清热解毒作用的植物大叶堇菜、金线重楼、大血藤、流苏虾脊兰分别叫作寸节七、螺丝七、五花七、马牙七；具有化痰止咳平喘作用的植物有水葫芦七；能健脾化湿的植物有盘龙七；具有消导功能的植物鸢尾又叫青蛙七；具有渗湿利水功能的植物杓兰，叫作蜈蚣七；等等。这些叫法在识别药物和采集药物过程中有重要的作用和意义。

雪白的大米、金色的小米人人见过吃过，然而，生长在太白山顶的太白米恐怕很少有人知晓，若碰到就会如获珍宝，爱不释手。你若是一位旅游登山爱好者，当你有朝一日登上海拔 3000 多米的太白山时，常常会遇到叶子像黄花菜一样的小苗苗，弓身下挖，则能刨出洁白的米粒来，它就是太白山有名的民间仙药——太白米。

太白米生长在太白山自然保护区斗母宫至放羊寺、三清池至玉皇池及南天门一带的高山草地上，适生环境为冷凉湿润的林缘草地或灌丛草地、高山草甸土或原始土壤，它是一种多年生草本植物，株高不到一米。根具多数小鳞茎，卵圆形，两头尖，未成熟时外壳白色，成熟后变为黄褐色。茎粗壮，下部红褐色，内有数层肉质鳞片紧包米粒，上部绿色。叶基生和茎生，无柄，狭带状。总状花序顶生，花多数，淡红紫色，微下垂，蒴果椭圆形。

太白米除了自身形态具有观赏价值外，它究竟有什么重要用处呢？它的可贵之处并非那葱绿的叶子和鲜艳的花朵，而是它的鳞茎上具有一层层排列整齐的小药丸——太白米。中医把它作为医治胃病的妙药，其对胃痛、胃溃疡有特效。实验证明，太白米乙醇提取物毒性低，具有明显的镇痛作用和显著的祛痰作用，可宽胸利气、健胃、止呕、镇痛，为本区重点保护植物。

太白山的草药不可多得，太白山的仙草弥足珍贵，在人们发现它们"不闲"后，却也要给它们自由和闲逸，让它们在自然环境里多些自在自为，把人类伸出去的利用之手稍微缩短一些，不要重复太白山人参的故事，让太白山的花花草草能够永远地扎根在这里。

佛坪的保护

　　我们赞叹着太白山，攀登着太白山，直上云端太白巅的时候，我们的关注点越来越浓缩，越来越集中，最后就是拔仙台，就是天池，就是太白积雪，就是太白云海、太白日出……我们没有理由不神往这些卓绝的自然现象，我们不由分说地喜欢她，太白山体以其自然的美征服着人类的审美感觉。

　　当我们从关中登临，一览众山小的时候，我们发现，其实众山不小，如果我们继续在群山探险、跋涉，我们发现这座大山背后原来是那样安静，那样和平，那样美丽。她越来越柔和，越来越繁盛，万紫千红，莺歌燕舞，是那种纯而又纯的世外桃源，自然秘境。

○攀爬

距太白山南坡最近的行政单位是佛坪县。佛坪县总人口3万，是陕西省人口最少的县。佛坪县躺卧在太白山南坡的舒缓的怀抱里，似乎在太白山巨大的臂膊下做梦。

"佛坪是个世外胜地，自古与佛有缘。夏商以前，佛坪还是一片纯粹的蛮荒之地，无人居住。到了周秦时，关中大旱，饿殍遍野，便有关中饥民远望终南迤逦而来，用脚一点点地走出道路。待他们走到厚畛子的一座山谷时，被这里丰草嘉树惊呆了。他们就决定在这里住下来，刀耕火种，繁育子裔。领头人一镢头挖下去，以试吉凶，不想这一下子却挖出了一段神话：泥土里出现了一尊睡佛。领头人随即跪拜，执意以此地为家乡。第二年，禾丰畜旺，五谷饱满，他们就在谷中修了佛寺，名为'佛爷寺'，此地即为佛爷坪，后来修筑了一座城池，是为佛坪县城。再后来也就成了傥骆古道上的重镇，住过杜甫、白居易、韩愈等伟大诗人，也接过几位皇帝的銮驾，留下了千古传诵的诗篇和简册可寻的'史话'。"（黄文庆）

在这里，有人在河石里发现佛石，有人在山上挖回了佛形树根，有人在山顶看到了佛光，有人在清潭发现了佛影，这是一个充满了佛化保佑色彩的地方。其实它的保佑来自于真实的自然，来自于高大巍峨绵延的太白山，它保佑这里物产丰富，使饥肠辘辘的先民能在此存活而生根。

太白山到洋县的直线距离有100千米左右，如此漫漫的群山渐变，高山、中山、低山、丘陵、平原，终至汉江岸边，太白山为什么可以护佑此地并影响这么深远？

动植物依赖的环境首推水热条件，秦淮地理分界线划出了关中与陕南不同的气候带，加之北方冷空气南下越过太白山，发生的类似焚风效应使得北来的寒冷空气越山而下坡，气温陡升；而沿南坡北上的气流在爬升中由于降温却兴云致雨。翻越道道山梁，效应愈益明显，造成南坡千壑万溪，云雨滋润，阳光明媚，气温和暖，动植物无不蓬勃生长、郁郁葱葱。

大山的地形阻止了人类的巨大干扰，从避害角度也使得这里成为得天独厚的众生乐园。所以这里人烟稀少，许多地方人迹罕至，但是其他生灵却欣欣向荣。

如果我们要寻找更为全面的一如过去的平静的自然，诸如它的影子和印象，人类操作的自然保护区就是一种相对成功的模式。太白山自然保护区、佛坪自然保护区、长青华阳自然保护区、朱鹮自然保护区等，这些国家级保护区占据了太白山南坡从高到低各个区位，如太白之垂翼，栩栩欲振起。因此，我们倍感需要珍惜自然，秦岭和太白的腾飞需要垂天的充满活力的翅膀。

太白山自然保护区的荒蛮壮美我们已经领略。

佛坪自然保护区北临秦岭主脊，主要位于秦岭南坡的第二级断块上，海拔 1060 ～ 2904 米，区内中小型地貌最为发育，出露着大面积的花岗岩，仅在局部面积有变质岩。从形态和成因分析，佛坪自然保护区属于侵蚀剥蚀的中起伏—大起伏花岗岩中山地貌，可以分为山岭系统和沟谷系统。其中：北部海拔 2000 米以上以及南部岳坝、龙潭子海拔 1500 米以下区域，峰岭高峻，北坡缓而南坡陡，与秦岭整个地质地貌正好相反；三官庙、西河、草坪、大古坪海拔 1500 ～ 2000 米的区域却多为平缓的山坡和浑圆状的山顶。海拔 1500 以下，多峡谷、隘谷，甚至障谷，沟谷横剖面呈"V"字形，坡谷陡峻，常出现阶梯状陡坡；海拔 2000 米以上，是保护区内风化剥蚀最强烈的地段。

在这风物变化的少人区域有"国宝"大熊猫。大熊猫在佛坪生活了几

◎金丝猴

百万年，是佛坪真正的土著，却因为人类所谓的文明被冠以"发现"之名。

　　第四纪冰川时期，大约在中新世晚期距今约八九百万年时，大熊猫开始出现在地球上。随后，在更新世早期，开始出现大熊猫小种，其化石发现于广西柳城、广东罗定、四川巫山、陕西洋县和云南元谋等地，到了更新世中晚期，大熊猫发展到全盛时期，大熊猫巴氏亚种出现并广泛分布于我国西南、华南、华中、华北和西北16个省市及地区——北京周口店、陕西、山西、河南、安徽、浙江、江西、福建、台湾、广东、广西、湖南、湖北、贵州、四川、云南，以及国外越南和缅甸北部。据古籍及地方志记载，在近2000年前，在我国的湖南、湖北、山西、甘肃、陕西、四川、云南、贵州等省及广西壮族自治区均有大熊猫分布。由于人类生产活动的半径不断扩大，大熊猫栖息地逐渐减少，现仅分布于陕西秦岭南坡、甘肃南部和四川盆地西北部高山深谷地区。

　　后来，同期的动物相继灭绝，大熊猫却孑遗至今，并保持原有的古老特征，所以有很大的科学价值，因而被誉为"活化石"，中国把它誉为"国宝"。大熊猫曾经生活的低山河谷，现在已经成了居民点。大熊猫只能生活在竹子可以生长的海拔1200～3400米之间。

　　据调查，如今仅有不到1000只大熊猫分布于秦岭南坡、岷山、邛崃山

◎佛坪清谷

和大小相岭及凉山 6 个山系，并且被分割成近 20 块孤立的种群。由于森林不断采伐，从 20 世纪 50 年代到 90 年代仅 40 年，大熊猫的栖息地被吞噬了 4/5，这对大熊猫的生存构成了极大的威胁。大熊猫是第四纪冰川时期劫里逃生的古老孑遗动物，它不仅是我国特有的珍稀濒危动物，也是全人类的自然历史遗产。

秦岭大熊猫不同于四川大熊猫，它是一个古老的新亚种，起源更久远。同时，全世界只有中国有野生大熊猫，中国的野生大熊猫也只有在秦岭中才最容易看到，而秦岭大熊猫分布密度最大的地区就在佛坪，有 110 多只野生大熊猫在这里繁衍生息，尤其在佛坪自然保护区的三官庙、西河等缓冲区和核心区平均每 1.5 平方千米就有 1 只大熊猫。

佛坪自然保护区的大熊猫数量多、密度大的原因有以下几点：保护区小气候多样，植物食物丰富，能量消耗最小；地理地貌多样，便于隐蔽；水网纵横，便于取水；地形地貌、水源、食物三者结合得很好，适宜于大熊猫就地取食、躲避天敌、繁殖后代；人为干扰小，佛坪自然保护区处于秦岭主峰南端，历史上虽然有傥骆道穿越其间，但只是擦边而过，而且古道靠近自然保护区腹地的地域，地形复杂，难以行走，保存了较为完整的森林系统；从历史上和风俗习惯看，大熊猫在当地不属于狩猎品种。

这个可爱慵懒的美丽物种顽强地从自然的灾变里存活下来，为了求生，肉食动物变成了几乎是素食主义者，并且咬定了生域极广的竹子，从嫩的竹笋到硬的坚竹，从喜欢到不喜欢都得咀嚼，生命的求生本能让人们唏嘘感动。

除了睡眠或短距离活动，大熊猫每天取食的时间长达 14 个小时。一只大熊猫每天进食 12 ~ 38 公斤食物，接近其体重的 40%。大熊猫喜欢吃竹子最有营养、含纤维素最少的部分，即嫩茎、嫩芽和竹笋，所以，它的求生就有了破坏力，但是，习性自然而来，自然是自然的无奈。相比采食种子的动物，它们的破坏力还是小巫见大巫。

慵懒的样子下是继承而来的求生的方式，为了营养而不得不多食的辛劳就是美丽下的真实。

大熊猫，憨态可掬，生之维艰，它超越了自然的极限，却几乎断灭在

◎秦岭朱鹮

◎兰花

人类手里，幸亏人们认识到了自然之为自然的重要性，所剩无几的大熊猫才获得了特别优待。

在这大野高荒中，一花一草都在各安天命，自在逍遥，自然凋落。在这远离人烟的深壑崖畔、溪谷涧潭，兰科植物找到了最为心仪的居所。明朝陈汝言的《兰》吟咏道："兰生深山中，馥馥吐幽香。偶为世人赏，移之置高堂。雨露失天时，根株离本乡。虽承爱护力，长养非其方。冬寒霜雪零，绿叶恐雕伤。何如在林壑，时至还自芳。"似乎就是为这里的兰花写意。

兰花从植株到花都具独特的观赏价值，它们的生境独特，繁殖不易，一些种类已处于濒危状态。佛坪国家级自然保护区是秦岭地区兰科植物分布相对集中的地区之一，这里不但分布着《秦岭植物志》收载的大多数种类，尚存在一些被《秦岭植物志》遗漏的属、种，产于该区的兰科植物种类共 37 种。

唐代张九龄的《感遇》曰："兰叶春葳蕤，桂华秋皎洁。欣欣此生意，自尔为佳节。谁知林栖者，闻风坐相悦。草木有本心，何求美人折？"这首诗把兰花王国的自由意志跃然在我们面前。太白山南就是这样一个适合兰草生长安家，离群索居的幽幽之地。

我们说太白山南坡如垂天的翅膀，确实，这里有无数的翅膀，千万的翅膀飞起来，惊起天边云霞，抖落山野晨露早霜。在这里，有一种鸟儿洁白的翅膀如白云、红色的爪喙如彩霞，它飞起来的时候我们不知道它还会不会回来，这个鸟儿就是朱鹮。

朱鹮又名朱鹭，俗名红鹤，是亚洲地区特有的一种涉禽。据文史载，朱鹮曾广泛分布于朝鲜、日本、俄罗斯西伯利亚的东南部。在中国，最北到兴凯湖，最东到福建、台湾，最西到甘肃天水，最南到海南岛都有分布。直到 20 世纪 30 年代，中国仍在 14 个省份有其踪迹。

朱鹮虽然叫声不好听，但长相十分漂亮，远看如雪，近处端详，两翅的下侧和圆尾巴的一部分却是朱红色；脸和腿的颜色也是红色；脖颈后面还长有几十根粗壮羽毛组成的羽冠。由于其体态秀美，行动端庄大方，性格温顺，中国民间把它看作吉祥的象征，称为"吉祥之鸟"。日本民间更是把它比作"仙女"的化身，把它的羽毛作为祭祀活动的供品。

在 20 世纪初，朱鹮的数量还可与麻雀相比。据记载，1911 年 12 月，在朝鲜半岛的西岸金堤成千上万只朱鹮在那里集结成群，形成了无边无际的云霞。在日本青森县，因朱鹮数量过多，大量糟蹋水田，被农民视为害鸟；在中国及俄罗斯西伯利亚湿地中，朱鹮的数量更是多如麻雀。

朱鹮生活在温带山地森林和丘陵地带，它喜欢幽静的村野和溪流，大多邻近水稻田、河滩、池塘、溪流和沼泽等湿地环境。性情孤僻而沉静，胆怯怕人，平时成对或小群活动。朱鹮对生境的条件要求较高，只喜欢在高大树木上栖息和筑巢，附近有水田、沼泽可以觅食，在天敌相对较少的幽静的环境中生活。晚上在大树上过夜，白天则到没有施用过化肥和农药的稻田、泥地或土地上以及清洁的溪流中去觅食。主要食物有鲫鱼、泥鳅、黄鳝等鱼类，蛙、蝌蚪、蝾螈等两栖类，蟹、虾等甲壳类，贝类、田螺、蜗牛等软体动物，蚯蚓等环节动物，蟋蟀、蝼蛄、蝗虫、甲虫、水生昆虫及昆虫的幼虫等，有时还吃一些芹菜、稻米、小豆、谷类、草籽、嫩叶等植物。它们在浅水或泥地上觅食的时候，常常将长而弯曲的嘴不断地插入泥土和水中去探索，一旦发现食物，立即啄而食之。休息时，把长嘴插入背上的羽毛中，任凭头上的羽冠在微风中飘动，非常潇洒动人。飞行时头

◎枝头嬉戏

向前伸，脚向后伸，鼓翼缓慢而有力。在地上行走时，步履轻盈、迟缓，显得娴雅而矜持。它们的鸣叫声很像乌鸦，除了起飞时偶尔鸣叫外，平时很少鸣叫。

正是由于朱鹮对环境条件有着这样严格的要求，适应不了20世纪50年代以后人口越来越多、森林遭到破坏、环境污染等人类活动所造成的生态环境的急剧变化，其分布范围越来越小，数量也随着急剧减少，以至于最终在中国以外全部灭绝。

似乎是一个童话，就这样轻轻地翻过一页，不留一点儿痕迹，庞大的飞鸟流云就这样消失得无影无踪。

1978年，中国科学院动物研究所受国务院委托组成联合考察小组，在全国范围内进行大规模搜寻，终于在1981年5月重新发现7只幸存的野生朱鹮，7只幸存的朱鹮是不可能存在的七仙女或7个小矮人，就这样复活了心碎的历史、自然的灵魂。

这个故事就发生在这里。翻开古老的中国版图，在陕西秦岭南坡有一个山清水秀的地方——洋县。这个在历史上因造纸术的发明者蔡伦的封地在此而闻名于世的偏僻一隅，近代因有幸成为世界珍禽朱鹮最后的栖息家园而享誉海内外。

朱鹮是国家一级保护动物，被列入濒危野生动植物种国际贸易公约附录I。目前世界上有两种最为濒危的鸟类，一种就是中国的朱鹮，另一种是美国的加州鹰。

朱鹮唯一选择了洋县，是因为洋县有独特的地理、气候条件，洋县属长江流域汉江水系，汉江在朱鹮栖息地流长近百千米，年平均气温12～14℃，降水量800～1000毫米，无霜期238天，植被以暖温带落叶阔叶林、北亚热带常绿阔叶林和落叶阔叶混交林为主，森林覆盖率在60%以上。动植物种类繁多，有动物534种，分属29目96科，其中国家一级保护动物7种，二级保护动物62种，有321种树木，隶属72科152属，是一个天然的植物基因库。

独特的地理、气候条件造就了洋县特有的朱鹮食物互补条件，也给朱鹮留下了难得的最后一片乐园，根据朱鹮年周期活动规律和栖息地特点，可把栖息地分为繁殖区、游荡区，繁殖区主要位于秦岭南坡洋县溢水镇、姚坪乡境内，海拔 840 ～ 1200 米。此地沟谷幽深、人口稀少、交通闭塞，朱鹮每年从二月开始在此繁殖，到七月初，朱鹮结束繁殖期，带上心爱的宝宝迁到广阔的平川、丘陵地带，开始一年一度的游荡生活。游荡区位于汉江支流沿岸的丘陵坪坝区，海拔为 450 ～ 670 米，是朱鹮在山区稻田封垄后的主要取食区域。区域内河流水系密布，占栖息地总面积的 7.8%，充分证明洋县有良好的朱鹮食物互补性，是朱鹮理想的活动和觅食场所。

"晚山千万叠，别鹤两三声"，那梦魇似乎还未走远，但"晴空一鹤排云上，便引诗情到碧霄"又给我们引来了幻想，朱鹮——红鹤，大山保护着你，蓝天属于你。

唐代著名诗人张籍游历终南山时，目睹朱鹮身姿华彩后有感而写的咏物诗，是一则记述朱鹮的珍贵文字史料。他对朱鹮的特征和习性做了深刻形象的描述，《朱鹭曲》曰："翩翩兮朱鹭，来泛春塘栖绿树。羽毛如翦色如染，远飞欲下双翅敛。避人引子入深堑，动处水纹开潋潋。谁知豪家网尔躯，不如饮啄江海隅。"昔日的诗人如此深契自然之心，让人为之仰视。

◎水岸边的朱鹮

◎花海

依凭着大山的庇护，还有别样滋味。苏轼《赠刘景文》诗云："一年好景君须记，最是橙黄橘绿时。"说的是橘子，生于南国的橘子。西部秦岭太白山南坡也生长橘子树，生长橘子，有名的是这里有一片号称"不守法则"的橘园，就在神奇的城固橘园乡一带。

城固县位于汉中盆地中部，北拥秦岭，汉水穿境而过。城固橘柑种植，可追溯到秦汉。《史记》就有"蜀、汉、江陵千树橘"的记载，汉指汉中郡，即如今的汉中市。到了唐宋，城固已是"山家皆种橘"的情景了。唐僖宗时，诗人郑谷送文友曹邺到城固东邻的洋州任刺史，被城固、洋县九月的秋色所感染，写下了"开怀江稻熟，寄信路橙香"的诗句。北宋神宗年间，城固、洋州"橙橘熟时，多为狨猿（金丝猴）所耗，居人日夜驱之"（北宋洋州知州蔡交诗注）。描写中透露出当时种植橘柑的普遍和生产维护情况。

可是橘柑的种植和生存受气候变化影响极大，根据我国气候变迁规律，秦、汉、隋、唐、宋及元初为温暖期，因此这个时期橘柑种植遍布汉中盆地，甚至关中也有种植。进入明朝中期至清朝末年的寒冷期后，橘柑开始向适宜它本身生长的气候区域收缩。城固北区有得天独厚的橘柑生长小气候奇特环境：北有横亘东西的高大秦岭庇护，阻挡了南下寒流的侵袭，南有斗山、西有伏牛山、东有骆驼山的环抱，起于秦岭腹地蜿蜒南北的胥水峡谷越境

111

◎城固橘柑

而过，形成"狭管效应"，产生神奇"子午风"，让升仙口外的橘乡成为"冬无严霜，夏不炎热"的橘柑生长绝佳之地。这时，汉中橘柑逐渐向城固集中，而城固橘柑又退守到升仙村一带，最后形成全国橘柑分布区最北缘的橘园，成为中国南北地理气候分界线上（秦岭—淮河）一个神奇的亮点。

城固县有 16 万亩橘子园，是中国最北缘、海拔最高的橘子产地。每年四五月，橘园万亩橘花点缀枝头，如雪似海，清香沁人，已成为汉中市乃至西北生态观光休闲旅游的一道亮丽的风景线。

熊猫远人间，幽兰处清涧。红鹤筑高树，馥郁橘香甜。太白山南麓的生物气候等条件的多样与优越于此可见一斑。大山的庇护显露的冰山一角已经成就了令人叹为观止的诸多自然神奇，不被世人所知的一定还有许多。望大山而感怀，荫庇万千无尽数，斯意绵绵。

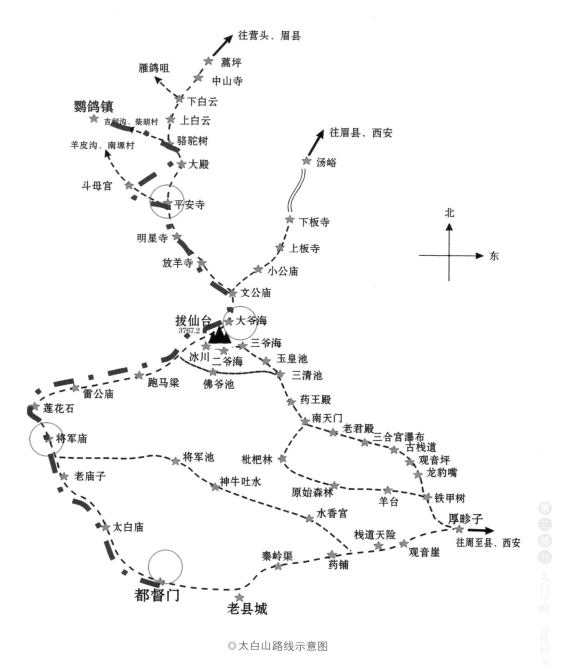

往营头、眉县

雁鸽咀　　★ 蒿坪

　　　　　★ 中山寺

鹦鸽镇　　★ 下白云

★ 吉利沟、柴胡村　★ 上白云

羊皮沟、南塬村　　★ 骆驼树

斗母宫　　★ 大殿

　　★ 平安寺

明星寺 ★

放羊寺 ★

往眉县、西安

★ 汤峪

★ 下板寺

★ 上板寺

★ 小公庙

★ 文公庙

拔仙台 ★ 大爷海
3767.2

★ 三爷海

冰川 ★ 二爷海 ★ 玉皇池

跑马梁 ★ 佛爷池 ★ 三清池

雷公庙 ★ 药王殿

莲花石 ★ 南天门

将军庙 ★ 老君殿

老庙子 ★ 将军池 枇杷林 ★ 三合宫瀑布

神牛吐水 ★ 古栈道

★ 原始森林 ★ 观音坪

太白庙 ★ 羊台 ★ 龙豹嘴

水香宫 ★ 铁甲树

栈道天险 ★ 厚畛子

秦岭渠 ★ 药铺 ★ 观音崖

往周至县、西安

都督门　　老县城

北

东

◎太白山路线示意图

天宝物华

秦岭自然地理概览

TIANBAOWUHUA

终南文明　青山自然

终南意味远

　　秦岭是秦地的图腾，是关中的险阻，亲近中有一种远离。然而秦岭中段的终南山却应该是长安帝都的比邻，叫比邻是因为悠然入云的终南山与千年帝都都是伟大的存在，伟大相比不分伯仲。这对邻家互相映衬，互相依存，正如所谓山不在高，有仙则名；而都城浩大，须假凌虚以成其神。自古终南方外仙山，千年长安帝王之都，在秦地结成了天下无双的名山名都连理。从精神层次、社会层次、自然层次都密切依存。

　　终南山从进入人文视野之初，就被人们描写得如亲如故，依依恋恋，情态万千。

　　《诗经·国风·秦风》里有一篇《终南》："终南何有？有条有梅。君子至止，锦衣狐裘。颜如渥丹，其君也哉！"《诗经·小雅·南山有台》

◎终南风光

唱道："南山有台，北山有莱。乐只君子，邦家之基。……南山有桑，北山有杨。乐只君子，邦家之光。……南山有杞，北山有李。……乐只君子，德音是茂。"

铿锵的韵味，即兴的快乐，意气临风，德音流响，由自然的一草一木想到人事的家国安康，自然人生社会和谐相处共荣，山水家园田亩阡陌纵横相连，为我们点睛出终南山的灵魂所在。

《山海经》将终南山简称为"南山"。

《尚书·禹贡》中已提到"终南"之名："荆、岐既旅，终南、惇物，至于鸟鼠。"

《汉书》曰："太一山又为终南山。"《汉书·地理志》载："扶风武功县有太一山，古文以为终南。"南朝宋雷次宗撰《五经要义》曰："盖终南，南山之总名。"晋潘岳撰《关中记》曰："终南山一名中南。"唐初魏王李泰主编《括地志辑校》卷一云："终南山，一名中南山，一名太一山，一名南山，一名橘山，一名楚山，一名泰山，一名周南山，一名地腩山。"宋程大昌的《雍录》卷五称："毛氏曰：'中南，言居天之中，都之南也。'又曰：'终南、太一，左右三十里内名福地。'"汉武帝于

◎终南意远

元封二年（前 109 年）祀太乙神，并在都城长安以南的南山口建太乙宫，故终南山又名"太乙山"（也作"太一山"）。清朝阎若璩的《尚书古文疏证》考据说："终南，南山之总名。"

终南山的称谓有终南、南山、中南山、周南山、太一山、太乙山、橘山、楚山、泰山、地脯山、仙都山、地肺山、斟斯山等 10 多种不同的叫法，每一种叫法都有相对独特的文本意义，体现着时代的看法，在特定的范围阐述终南山的意义。

终南山的范围历来如终南烟云一般，大小飘忽，但是总归有基本的看法。一般认为终南山主要指的是秦岭中段，西起武功，东至蓝田。如果更为浓缩，就是现今西安市南的长安、户县境内这一段，包括太兴山、嘉午台、翠华山、南五台、小五台、青华山、圭峰山、紫阁山、万花山等数十座名山秀峰。南五台为神秀之所，翠华山为自然精髓。

道教始终将终南山看作"洞天之冠""天下第一福地"。

孙思邈居终南山修炼。五代时的钟离权自称南汉时遇上了仙人王玄甫，得到了长生之道，后为了躲避战乱进了终南山，并在此修行。唐时的吕洞宾在长安酒肆遇见了钟离权，随即跟随他进入终南山修道，后亦得道成仙。还有刘海蟾也受钟离权点化，遁迹终南山下，后丹成尸解，有白气自顶门出，化鹤冲天。到了金、元时期，终南山成为全真道最早的发源地，并使终南山道教走向了鼎盛。

终南山的主峰别号太乙山，是终南山的精神符号。

太乙又作太一，原意为元始、最初。"太一"本指形成天地万物的元气，"太一"，元祖也。养之不穷，用之不竭，能生万物，乃气之祖宗，造化之基也。被称为"太一"的元气是先天地万物而存在的宇宙本源，是道家、道教最根本的信仰"道"。因此，也可以说"太一"即"道"。

古称太乙神居于北极星。《史记·天官书》载："中宫天极星，其一明者，太一常居也……"

太乙神即太乙真人，又称太一真人、泰一真人，还称太乙救苦天尊，就是拯救受苦受难之人、超度地狱鬼魂的最尊贵的天神。太乙真人就居住在终南山，即太乙山。

在帝王都边，在芸芸众生身边，心灵的依赖就在满目青色的山上，在云雾缥缈呼吸相连的山上，触手可及，举步可攀，人神关系咫尺相伴。终南之意，隐约闪现。

如今，终南山已经与西安城市建设融为一体，北麓山脚已经成为城市的休闲居住之地。昔日10多千米到城中，今日城中有山林，山林有闹市，"不敢高声语，恐惊天上人"成为嬗变的终南新义。

不管人的足迹多么繁忙，自然依然安静闲适地镇守着天地人的格局。

终南山地形险阻，道路崎岖，大谷有五，小谷过百，连绵数百里。奇峰秀岭，化作碧屏，深谷幽雅，轻雾弥漫，茂林修竹，四季缤纷，一草一木，一石一水，大大小小，处处道妙。

终南山主脉为东西走向，北麓支脉多呈南北走向，南北走向的支脉为数多达175道，长度多在10千米左右（最长的15千米），高度多在海拔2000米左右。如此地形，使得沟谷山岭险峻异常。仰望山巅在天心，飞瀑直下如天倾，危岩磊磊心惊寒，鸟道流云不知踪。

终南山在蓝田境内向东南延伸，遥向楚地，终于南方，终南之现实意义清清楚楚。

◎风光无限

终南山与民生之关系比之精神之所依丝毫不逊。《诗经·秦风》有"终南何有？有条有梅"。《后汉书·东方朔传》说："南山出玉石、金银铜铁良材，百工所取，给万民所仰足也。又有粳稻梨栗桑麻竹箭之饶。上宜望芋，水多蛙鱼，贫者得以人给家足，无饥寒之忧。"汉唐时代，长安居民、手工业者所用的薪炭、木材、石材、药材等大都取于终南山。白居易的名诗《卖炭翁》中"卖炭翁，伐薪烧炭南山中"正是对终南山一带百姓劳作营生的写照。

终南山，秦岭北麓的蔚蓝，以秦地南望和帝都依托的双重意象在熙攘人世、浮华世间撑起了一篇巨大的精神华章；终南山，繁华都市的资源，草木山石、云气清流、飞禽走兽养育着以自然为生的芸芸众生、黎民百姓，不绝如缕的文化名人时时感悟着这一切，兴之所至，情之所发，堪为百代抒怀。

唐代诗人李白在《望终南山寄紫阁隐者》中写道："出门见南山，引领意无限。秀色难为名，苍翠日在眼。有时白云起，天际自舒卷。心中与之然，托兴每不浅。"

王维的五律《终南山》最为著名："太乙近天都，连山到海隅。白云回望合，青霭入看无。分野中峰变，阴晴众壑殊。欲投人处宿，隔水问樵夫。"

终南山，还有多少的诗情可以咏叹，还有多少无言的凝望与望穿，都是没有结束的人类情缘，换了人间，不变容颜。

金石的锻炼

上溯天地开辟、山河重组、斗转星移等诸如此类事件，总有盘古、女娲等一系列天帝人神做精神符号，近乎荒诞，虽然我们无从考证，却都指向诸如自然与人事之中的顶级大事，无不有对未知的疑情和希冀。女娲炼石补天的直接神话意义是挽狂澜于既倒，不可回避的是自然灾害的惊骇一面，而灾害与天崩地裂相关，我们就难以离开茫茫秦岭以及离天极最近的终南诸峰。

在临潼骊山可以看到"女娲祠"，"女娲祠"俗称"老母殿"。郭沫若的《重游华清宫》诗有"老母长生剩吉羊"之句，注释曰："相传女娲氏曾在此炼石补天。她死后，人们葬其于骊山之阳的白鹿原鲸鱼沟北坡，属蓝田县。又在骊山之阴筑女娲祠，俗名老母殿。"

骊山老母宫

◎老母宫山门

白鹿原就在终南山脚下，女娲安葬于此，让既走的神灵留下躯体与衣冠来镇守河山之危脆，是老百姓千百年来的无奈之举。至于到处纷争女娲的真正墓地，其实已经陷于以迷为知的境地，在保佑自己的利益上又动了心思。

女娲祠在骊山西绣岭的第二峰上，有山门、前殿、后殿等建筑，供奉女娲塑像。殿堂外面，山石红彤彤的，像被烈火烧炼过。传说此山是女娲驮五色石的骊马被石中火焰烧死后所变，因名骊山。

从古至今，临潼和蓝田民众崇敬女娲。骊山女娲祠始建于唐，历代有修葺，香火不断。每年农历六月，女娲祠举行庙会，祭祀女娲氏。每年正月二十过女皇节，又称女娲生日、女娲补天节。过节时，家家做"补天饼"抛到屋顶，象征补天，同时往地上、井里掷，象征补地，然后全家吃补天饼。当今，临潼的小吃里就有"补天饼""女娲包子""图腾花馍"等名目，洋溢着对女娲的敬仰之情。临潼、蓝田民间祭祀"女娲补天"的仪式，须由女家长主持，保持着上古母系氏族社会的遗风。如此厚重的遗风，不是近代商品意识所培植的，一定是源于心灵的烙印和绵绵的追思。

百代神话难寻踪，近观山河真迹存。

终南山如同秦岭的其他主脉、主峰一样，可以认为是花岗岩山，但主体是由 S 型花岗岩——沉积成因的花岗岩（根据对澳大利亚东南部拉克兰褶皱带的研究，查佩斯和怀特划分了两个不同的花岗岩类的岩石类型，称为 I 型和 S 型。I 型花岗岩岩浆是由火成岩源岩部分熔融形成。S 型花岗岩岩浆是由沉积岩源岩经部分熔融形成。Sn 矿化与 S 型花岗岩关系密切，Mo 矿物与 I 型花岗岩关系密切。）构成的，这在全国的名山之中实不多见。

科研工作者在高温高压下应用全波震相分析方法对 I 型和 S 型两类花岗岩进行了弹性波速的测量，发现两类花岗岩的波速值随所加的温度和压力有各自的变化规律。S 型花岗岩的波速随温度和压力的变化比 I 型花岗岩波速变化大。发现了华南两类花岗岩的波速"软化点"，两类花岗岩的

波速 "软化" 的条件明显不同。S 型花岗岩出现 "软化点" 的深度为 15 千米左右, "软化" 后的波速为每秒 5.62 千米; 而 I 型花岗岩 "软化点" 的深度则达到 26 千米, "软化" 后的波速为每秒 6.08 千米。结合地球物理探测的结果, 认为地球物理探测中所得到的中、上地壳和下地壳内部低速层的存在与不同类型花岗岩的部分熔融有关。中、上地壳内部存在的低速层很可能与 S 型花岗岩部分熔融有关, 下地壳内部低速层很可能是 I 型花岗岩岩浆发育的位置 (《高温高压下华南 I 型和 S 型花岗岩的波速特征及其地质意义》杨树锋等)。

依此对 S 型花岗岩的认识, 我们就明白了终南山岩石的特性, 基于对地壳架构的认识, 对于藏匿于深层的物质成分、流变、受力、热性质等了解, 终南山为什么会发生许多山崩地裂的事情就相对好理解了。

终南山花岗岩的原始岩石主要是古元古代的沉积岩层, 后来经过多次的地壳运动和变质作用, 而成为古元古界宽坪群。宽坪群在东秦岭分布很广泛, 从终南山向东南一直延展到商山 (蟒岭), 更进一步延伸到河南栾川境内的伏牛山区。在蟒岭一带, 由于变质作用相对要轻一些, 地质工作者对其研究较为详细, 它是一套复杂的海槽沉积变质岩系, 其中的原岩既有陆源泥沙形成的海相碎屑岩, 又有海相碳酸盐岩, 还有海底火山喷发形成的海底火山喷发沉积岩。但这套复杂的岩群在终南山地区则大大改变了模样。由于终南山地段地理位置特殊, 正好处于秦岭正中部位, 且恰恰是北方的鄂尔多斯地块和南方的四川地块相互对挤的着力点——两个地块的基底都是巨厚的太古变质岩层, 因而是两个巨大而坚硬的块体——于是终南山在地质历史时期多次经受了比其他地段大得多的挤压、剪切和揉搓

◎一线天

的构造力，于是造就了这里极其强烈和复杂的变质构造现象（王战）。

相对 I 型花岗岩大而深的躯体，S 型花岗岩相对浅薄，立根不稳，最容易倾覆，而沉积熔融现象让我们看到了地火最为明显的作用。当然，这里也包含了以石英矿物等为主的沉积类岩石，其熔点相对较低。

在热力变质、压力变质作用下，终南山岩石变化丰富多彩，传说女娲娘娘炼石补天的炼石之地正是五色石天然之地，这里有中深变质的千枚岩、深变质的各种片岩、超深变质的混合岩（终南山也被认为是各种混合岩的博物馆，注入混合岩、分枝混合岩、网状混合岩、角砾状混合岩、眼球状混合岩、条带状混合岩、肠状混合岩等，应有尽有，岩石的结构和花纹奇异多彩）、混合片麻岩和花岗片麻岩，以及主体 S 型花岗岩。在 S 型花岗岩之中，常常夹有许多太古宙（或中元古代）地层，其中不乏碳酸盐岩，均已变质成大理岩，在经过超深变质作用以及与地球下部硅质热液发生交代作用后，形成了"蛇纹石化大理岩"，就是闻名遐迩的"蓝田玉"。

终南山是整个秦岭最为狭窄的地方，从山前峪口到达山脊的平面距离约为 10 千米，最窄处只有 5 千米。这里也是受南北地块挤压最厉害、地壳经受构造运动最为强烈的地段，因而岩层变质程度最深、岩石最为坚硬、花岗岩化最为普遍，原来的一些碳酸盐岩夹层也都经受深变质作用成了结晶颗粒粗大的白云石质大理岩。同时，由于地质构造力的作用，岩石内普遍发育了斜向的共轭节理。当长期遭受风化剥蚀之后，往往形成群峰并峙、悬崖峭壁，十分壮观，如位于石砭峪和太乙峪之间的峰峦、庙沟垴的南五台以及白道峪里的嘉午台等皆可作为杰出的代表。观察目前大地构造的大势，以整体的地貌视角，我们可以明显看出蓝田到商州的河谷带和东偏北而去的东秦岭带都是斜交的基本外在形式，大地挤压的作用或者表现为剪切，或者表现为隆升，都在终南山一带充分表现和展示。而漫山遍野的岩石剪切节理在古老的秦岭到处可见，在这里自然更为发育。

危岩高千丈，嶙峋势炭炭。炼石补天裂，终南谁护持？也许，只有留待今天的人们去爱护它和保护它了，让长安的依托、千百年的梦想继续它不变的神话，在科技的翅膀下，扇动轻盈的云霞，让山巅不再倾覆，静静地呈现蔚蓝。

神奇韭菜滩

"沧海桑田"是我们形容天地变化之巨大、日月运行之亘古的常用成语。有道是"赋到沧桑句便工"。历史因缘，西安的葛慧先生在秦岭深山一待就是 16 年（1965—1980 年）。2011 年，年逾古稀的葛慧先生在《秦岭韭菜滩》中描写出了昔日秦岭的飞禽走兽、古树名草和特定时代的风土人情，内容丰富生动，文笔深情优美，本书择要于此，以供广大读者分享。

长安区深山的韭菜滩位于现在的沣峪大坝沟度假村以西四五里路的地方，是一个海拔 2200 米的高山草甸。地势平缓，土壤肥沃，但因海拔太高，常刮大风，见云就是雨，除能种点蔬菜外，五谷一律不能生长，生产门路只能是采集野生药材和种点中药。葛慧先生是在 1965 年秋天进山的，第一天来到韭菜滩的时候，天已经漆黑，周围黑黝黝的山只能看见一个轮廓，风吹着周围的树发出呼呼声，他们明白了"松涛"的概念。高唱"下定决心，不怕牺牲"的歌曲，尽管很累，几乎走不动了，他们还是折了一些枯蒿秆生火。在深山，火代表温暖，代表人烟，也代表希望。深山的夜，月亮大得像磨盘，星星特别亮。寂静的山林，时而听到有黑熊、野猪扳折树枝的声音，有时候，一声尖叫划过夜空，不知道是什么野兽发出的声音，也不知道野兽为什么叫，给他们带来恐怖和不安。韭菜滩四周是秦岭的奇峰绝顶，一片苍山云海，虽是九月底，背阴处已有了积雪，而大坝河两岸仍是一片绿荫。

林场当年进行林地的更新"清林"，自山脊而下，保留 15 米宽原生林带，间隔 15 米宽的清林带，保留一道、清除一道，远处望去山坡就像用木梳梳过一样。清除过的林道除极少数漆树、杜仲等经济林木外，所有树木和杂草一律伐除，然后栽种新的落叶松树苗。冬季伐木，将木料堆在林地，雪下大后，按地势修建木架的下滑轨道，木料自高坡下滑，顺轨道从冰雪

127

上溜下来。秦岭高山区湿地有蕨根，这些蕨根是秦岭在远古时随地面抬升带给今天的古老原始植物，恐龙时代曾布满大地。将蕨根用砍刀刮去外皮，在石窝子上捣烂，再在清水里把淀粉淘出来，打成糊当粥来喝，既可充饥又有营养。可是一个七八斤重的蕨根，据说要生长 100 年以上。好景不长，第二年附近能吃的蕨根就没有了，要到远远的地方去找。后来才知道，蕨根是中药材，叫管仲，是春秋战国时齐国的丞相管仲发现的。春天蕨芽叫山野菜，长得像拳头的样子，又叫拳菜，很好吃，也是出口商品。

秦岭韭菜滩位于次级高程上，即海拔 2000 米上下地区。周围的树多是阔叶林带和针叶、阔叶混交林，有华山松、落叶松、白皮松，还有桦、椴、柳、漆等树木，是秦岭植物最复杂的地区。再往上海拔 2500 米以上，则是小灌木、箭竹、三棵针、祖师麻和茅草生长的地区。风口岭尖，只长一些草。避风区生长太白松、红桦。秦岭古树千姿百态，品种繁多。韭菜滩西面的东佛梁上面生长着几株太白杉，有的看似死了，顶尖还有少数叶子；有的死了多年，枯干还立在那里。他们曾在树下挖过秦贝母，不知是什么树。林场的老梁说："这是古太白杉，太珍贵了，西安只有这几棵。"在鸡窝子村东佛沟口有一棵卧龙松，在石岗上朝下倾身，像一条龙，有四爪，头抬得高高的。近年没有了，据说让一家高级宾馆买去了。

铁甲树被称为秦岭的树神，是珍稀濒危树种，碗口大的树要生长几百年，故能烧出上好的木炭。青冈树也是烧木炭的上好原料，秦岭箭竹又叫苦竹、毛竹、实心竹，新中国成立初到现在，沿山农民进山割竹子成为一大生产门路，城市扫马路的大扫把的原料"毛竹"就来自秦岭。作家柳青在《创业史》里就记述了梁生宝到秦岭韭菜滩割竹子。秦岭箭竹是古代制造兵器箭的箭杆，故名箭竹。箭竹在高山潮湿的地方生长，依照群体优势生存，缠成一团，密密麻麻，别的植物种子落在竹林里根本无法存活。秦岭是古海抬升而形成的，山脊斜平面常常保留远古时被侵蚀的石灰岩石和各种硅酸盐玉石。有一次，在小坝沟梁头一条溪流边，六月天见到一块比牛还大的"冰块"，上面有一条一条红色线纹，近看，原来是一块晶莹剔透的石头，被溪水冲蚀成许多弯曲的洞，太美了，令人吃惊。其实，山里有许多神奇的巨石、古树，群众曾烧香祭拜，后来都成了盗贩的对象。

　　秦岭的杜鹃花开在海拔 2000 米以上的山坡上，每年四月初开始绽放，十几朵连成一簇，比碗大，白里透红，鲜艳异常。还有红紫的，叫紫花杜鹃，紫红色的花边，花苞里是发白的黄蕊。这深山里从来没有人来过。秦岭杜鹃其实是蔷薇科枇杷属的高山植物，就像著名的镇安木王森林公园的杜鹃花一样，与南方的杜鹃花截然不同，树叶是治咳特效药枇杷露的原料。在秦岭 2000 米以上的高山上，四月里冰雪还没有化完时，杜鹃花已是盛开的海洋了，那是世界上最壮观最美丽的地方。杜鹃花开的时候，南方的杜鹃鸟返回来了。杜鹃鸟是候鸟，住在秦岭的杜鹃树上，与树同名。杜鹃鸟夫妻一生厮守，不论哪一个先回来，找到先一年住的窝巢后，就在那棵树上不停地鸣叫起来，呼唤亲人归来。如果另一只没有归来，从南方回到秦岭的杜鹃鸟就

© 沣峪风光

在树上鸣叫，口流鲜血，仍然不停，这就是成语"杜鹃啼血"的故事。

　　韭菜滩东南就是牛背梁。秦岭羚牛远处看像羊，当地群众叫白牛。母的秦岭羚牛十多头合为一群，群里只有一头公牛，其余公牛都是单身，满山里游荡。春三月的时候，游荡的公牛找到牛群，与群里的那头公牛角斗。有时候是好几只公牛一上午不停地角斗，斗得死去活来。最后战胜的一头为王，留在群里，其他公牛都被赶出牛群。流浪的公牛生活条件差，常常死去。羚牛的天敌是秦岭豺子，豺子比狼小，生活在深山里，非常灵活。深山的路大多是兽踏出来的，豺子躲在路边的草丛里，看见牛群走来，猛地跳到牛身上，受惊的牛往往不能将豺子摆脱。这时豺子将羚牛的肠子、肚子掏出来，那头羚牛也就倒地死亡了。现在，看到世博园里秦岭四宝之一的羚牛，就想起那个惨状。

　　秦岭中山区适宜落叶松生长，生长快，木质好。沣峪林场、宁西林场、黑河林场等各地都搞清山工程种落叶松。落叶松虽生长快，但会受到松毛虫等损害，山里的山雀、斑鸠、百灵等鸟类都是这些害虫的天敌。"文革"后期已经有捕鸟人进山"赶坡"。他们在高坡处设横网，由坡下往上吆赶，山雀、黄玉、百灵等鸟类落网，甚至锦鸡、环雉、白胸雉、鹰枭等鸟类也被捕捉，导致大片山林枯死。

　　秦岭的寒号鸟学名鼯鼠，是生着飞翼的鼠类，它们既爬行也飞翔。古老的故事说：寒号鸟懒惰成性，夏天光知道玩而不储存食物，冬季来临时却因冻饿而号叫。其实这是极大的误解！秦岭寒号鸟在夏天忙着飞出飞进，将吃到的果实和昆虫经过特殊消化排出体外，在洞口晒成像枣核一样的红色小块，存起来以备过冬时食用。这种红色小块营养价值极高，非常贵重，中医叫血灵芝。寒号鸟将平常的粪便也保存在附近的石板或树根下，万一储存的血灵芝不够吃时，它就吃这种粪便。这种黑粪便中药叫乌灵芝，药房也高价收购。过去，秦岭韭菜滩就发现有寒号鸟巢。寒号鸟在冬初时的号叫是一种求偶行为，与寒冷和饥饿无关。

　　秦岭贝母叫秦贝，是中国贝母中药用价值最高的贝母。秦贝远比浙贝、川贝贵重得多，它生长在高山草甸子里，春四月开花，五颜六色，十分鲜艳。采贝母的人漫山游走，见一株挖一株。秦岭主脊有个叫王锁崖的山梁，据说山高可望周围五省，电视台曾在那里架设了天线。据说，明朝时有一位叫王锁的人，每年攀抓藤条爬到秦岭山顶采贝母，采大留小，收入可观。他的外甥也想跟随舅舅一块挖贝母，舅舅却宁肯给他一笔钱，也不带他去采。这个外甥恼羞成怒，有一次尾随其后，将舅舅上下山用的藤条砍去，以致王锁下不得岭来，最后饿死在峰顶，留下了王锁崖这个地名。古人也知道贵重药材要保护，不能滥挖滥采。现在，原产地的秦贝大都已经绝种了。另一种中药叫太白银莲花，中药房也叫北菖蒲，很贵重，它与秦岭刺根葵共生在一起。刺根葵有十分坚硬的毒刺，鼹鼠（地瞎瞎）不敢碰到它，所以菖蒲就混生在刺根葵里受到保护。五六月，远在四川的人都拖家带口住在秦岭高山挖菖蒲，"文革"初期还能挖到这种药材。首先将刺根葵翻出地面，再找银莲花的块茎。暴雨时节，常常因挖药材使大面积植被毁去而造成大面积滑坡。秦岭高山土层很薄，植被往往是几千年才能形成的。现在，太白银莲花就一天一天地少了，从蓝田到周至，很难再找到成片的这种药材了。

秦岭北麓还有一种树叫杜仲，其树皮是贵重中药材。采药人漫山寻找，遇到一株杜仲时只需半小时就能将比碗口粗的树皮剥光，先用刀在顶部环切，分成数条一步一步往下剥。三五百年的老树，采药高手一会儿就能剥光。20世纪，秦岭山林中常常见到无皮枯死的树立在那里，就是被剥了皮的杜仲。与杜仲近亲的厚朴，也是大树，开紫红的花朵，十分鲜艳，特别漂亮，有止咳润肺功能，也是招人活剥的对象，近年山林里再也看不到了。采药人满山找，只要找到一棵，就获利不少，所以几乎绝种了。

秦岭是关中地堑断裂抬升形成的，与巴山南秦岭之间的断裂面常常千仞绝壁。从秦岭韭菜滩登上南山主脊，南面的柞水县营盘镇就在脚下。这千仞绝壁看似无路可上，但营盘镇北却有一条陡峭山谷可攀登牛背梁，名为七十二盘是柞水县到西安市的一条捷径。今天，在当年走过的七十二盘道之下凿开了18.02千米长的隧道，交通极为便利。当年20小时的路程，现在20分钟就一闪而过了。时代发生了巨变，秦岭韭菜滩的情景却历历在目，永远难忘。

山崩开翠花

　　终南峻伟不忘旖旎，山崩地裂清波荡漾，危岩磊磊翠微依依。《楚辞·九歌·山鬼》曰："采三秀兮于山间，石磊磊兮葛蔓蔓。"《文选·宋玉·高唐赋》曰："砾磥磥而相摩兮，嶊震天之礚礚。"借用这些诗词表现终南胜景翠华神韵十分妥帖。

　　翠华山位于西安市南 23 千米的秦岭北脉，海拔 2132 米，面积 17.85 平方千米，以"终南独秀""中国地质地貌博物馆"和"中国山崩奇观"著称，是进行科普教育和灾害地质研究的极好场所。翠华山是典型的山崩地貌景观，其特殊地貌在国内罕见。翠华峰、玉安峰和甘湫峰是翠华山主要山峰，山中山、石、洞、水、林、庙缤纷错列，有机间杂，成为终南山靠近长安的最为全面的自然人文综合景观。

◎碧绿山峦

泱泱汉唐两代已在此建过太乙宫和翠微宫，帝王祭祀神仙、游乐避暑，百官竞相纷至，文人墨客和黎民百姓都可来此天子脚下的翠微山峰。山清水秀，云雾缭绕，湫池明净，碧波荡漾。有祈雨之所的太乙殿，有吕公洞、黄龙洞、冰洞、风洞、八仙洞等大有盛名的洞穴。冰洞在盛夏仍坚冰垂凌，风洞则四季寒风飕飕，砭人肌骨。湫池周围依水而建的古代庙宇诸如老君庵、圣母行宫等成为嶙峋荒蛮的自然中的生气。自秦王朝起，这里就已是皇家"上林苑""御花园"之地。秦王嬴政曾经在此狩猎休闲，汉武帝曾在此设立祭天道场，秦圣宫是唐太宗李世民避暑消夏的行宫。终南皇家气象，翠华隐隐而发。

◎翠华山地震裂缝

翠华山引起一系列的人文情致，都是缘于它不可多得的自然殊胜一面。

《国语》记载："幽王二年，西周三川皆震……是岁也，三川竭，岐山崩。"据推测，这次地震（前780年）和唐天宝年间的多次地震形成了翠华山山崩景观。其山崩规模之大，地质现象之复杂，历史之悠久，保存之完整，景观之奇特，旅游价值之高，为国内少有，世界罕见。

翠华山山崩形成的崩塌体分布在翠华峰、甘湫峰、正岔大坪三处，翠华峰地区主要由残峰断崖、堰塞湖和崩塌石海三部分构成，残峰断崖是山崩形成的临空面，气势磅礴，斧劈刀削；堰塞湖又名水湫池或天池，系崩塌物堵塞太乙河形成，湖面长 600 米，宽 90～300 米，面积约 130000 平方米，水深 7 米。石海最为壮观，系由大小不一的崩塌石块叠置杂乱堆砌而成，远观如滚石起伏的海洋。整个崩塌体与西侧残峰界限分明，崩塌石块相互叠置的狭小空间形成许多洞穴，冰洞、风洞即形成于此。炎炎酷暑，冰洞冰柱倒挂；盛夏六月，风洞凉风习习。目前又新发现了奇异的蝙蝠洞。

翠华山由中元古界变质杂岩组成，受混合岩化作用的强烈影响，山崩块体大，呈多种形状断裂，是国内外学者进行混合岩化作用研究的天然实验室。秦岭北麓大断层从翠华山北侧通过，该断层目前仍在活动，一万年以来平均每年上升 1.73 毫米～3.4 毫米。强烈的断裂活动，加上构成翠华山山体的岩石质坚性脆，又地处地震带，从而引起了山体崩落。

这里的山崩地质作用形成了一系列山崩地质景观，如山崩悬崖景观、山崩石海景观、山崩地堆砌洞穴景观、山崩堰塞湖景观、山崩瀑流景观及山崩形成的各种造型奇石景观等，山崩崩积体与巨砾堆积构成触目惊心的自然遗迹，大有石破天惊之势。

甘湫池和水湫池旁崩积物的总量可达 3 亿立方米。大块砾石从山体崩裂处轰然向下，堆积成巨大的崩积体。地表可见一块最大巨砾，长、宽、高分别达 60 米、40 米、30 米，惊心动魄的单一块体体积如此巨大，实在不容现场想象。当地有人将房子直接建在巨砾上，大有安稳如山的感觉。这些山崩砾石沿沟谷堆积，形成大面积的砾石斜坡。满坡巨石前挤后拥，似有翻滚奔腾之势；从高处俯视，砾石奇形怪状，或立或卧，或直或斜，千姿百态，嶙峋峥嵘，甚为壮观。山崩时，在崩落过程中，巨大的砾石破裂面往往沿节理断开，或直或曲，尽显地质构造规律。水湫池旁有一块砾石被锯齿状节理分为两块，犬牙交错的破裂面甚为典型。风洞下面的玄关是两块高 30 余米的巨砾之间的一道狭缝，缝宽仅数米。这也可能是巨砾断开所形成的狭窄通道。

冰洞与风洞尽显奥妙，天然空调亘古就有。

◎山崩遗石

　　山崩时，巨大的砾石相互碰撞、挤压、垒叠，在巨砾间留下许多幽深的缝隙，冰洞和风洞就是这类缝隙中最特殊的两种。冰洞和风洞位于翠华峰崩积体的上部，海拔约 1200 米。冰洞较深，洞内地势低陷，形成形状不规则的外洞与内洞。由于缺少与洞外进行冷暖空气交换的条件，严冬之时，山顶滴水成冰，岩石缝隙之水在洞内不断结冰，到夏天时洞内外温差可达到 23℃以上，外洞阴冷，内洞结冰常年不化。风洞是由两块巨大砾石呈"人"字形相互支撑而形成的狭长缝隙，洞呈狭长的三角形，长 30 余米，高 15 米，洞内常年不见阳光，温度较低，气流经过时，形成流体加速，速度加快，风声呼呼。夏季游人进入洞内，便觉凉风嗖嗖，快意无限。

　　残峰断崖尽显沧桑，荒蛮崔嵬。

　　翠华峰与甘湫峰是山崩破坏最严重的两座小峰。翠华峰海拔 1414 米，周围耸立着一座座山崩后留下的残峰，这些残峰规模不大，尖角突出，直

◎翠华晚秋

指苍穹，构成一幅奇特的花岗岩峰岭地貌景观。在翠华峰旁有一座孤立残峰，四壁如削，傲然耸立，气势不凡，似神人矗立，月夜之时栩栩如生。翠华峰侧的断崖峭壁高约 200 米，十分险峻，这里是山崩源地之一，大量崩塌物就堆积在断崖下面。甘湫峰海拔 2145 米，这里也是山崩源之一。在这里，一条长 1500 多米、宽 260～900 米、高 400 多米的山体近南北方向就地崩塌，形成巨大的崩积体。翠华山的悬崖峭壁几乎随处可见，今天的鹰崖瀑布正是在 60 余米高的断崖面上人工引水而形成的珠帘式瀑布。

堰塞湖于刚硬破坏的嵯峨中，一片柔情纳白云、绿树和神仙。

太白山上的冰斗湖、冰蚀湖、冰碛湖是高山区的杰作，翠华山上的堰塞湖则是中山区的杰作，都为秦岭之眼眸，心魂之荡漾，灵秀之极。仙子濯尘念，五彩照晚霞，在湖光山色里方显美丽。

天池堰塞湖、甘湫池堰塞湖和大坪堰塞湖是翠华山阴柔至美的一面，给山崩地裂的自然残酷一面敷上了涣涣深流、涓涓细意、粼粼波光。

崩塌石海区由于巨石相互叠置，高低错落，加之后期的风化物填塞，植被茂密，通达性极差，形成的天然大坝堵截了太乙河上游的山间流水，在坝后一千米处形成一个面积为 0.14 平方千米的天然湖泊——堰塞湖。此湖有"秦岭明珠"之称，为秦岭 72 峪唯一一处堰塞湖，烟波浩渺，云蒸霞蔚，蔚为壮观。山崩巨石与天池湖光相融，碧峰绿水，奇石异洞，构成一幅人间仙境，当地群众称其为"天池""水湫池""翠华湖""太乙池"等。在太乙河上游源头还有一个堰塞湖——甘湫池，甘湫池位于甘湫峰下，面积 0.2 平方千米，由于水源不足，池水严重渗透，现已成干涸之湖，故名甘湫池。甘湫池一带山崩堆积物规模更大，山崩堆积体厚达 500 多米。据初步测算，整个翠华山山崩堆积物总体积达 3 亿立方米，山崩遗迹分布范围约 5.2 平方千米。我们有理由相信，秦岭里发生的崩塌难以计数，但是可以如此宏大地保存至今的、可以赫然在目地显现在人们面前的浩大山崩绝无仅有，只此一家。

造物天机意未明，纷纭逸事染浮云。翠华山之自然伟力在古代的文化氛围下往往自然而然就流变出民俗的解读，虽然不必认真，却饶有兴味，令人津津乐道。

翠华山的名称由民间传说而来，相传古时候泾阳县有一位姑娘叫金翠华，美丽善良，勤劳聪明，与邻村潘郎相爱，她的兄嫂却逼翠华嫁给富家子弟。临嫁之夜，"翠华忍泪无一语，月明三更悄离去"，逃入终南山。她的哥哥闻讯赶来，追至太乙山中，见翠华坐在石洞中，急忙上去拉时，突然"霹雳一声山岳崩，地动山摇烟雾腾"，山间出现太乙池，翠华化为神仙去，故事就这样完美结束。从此，人们把这座山称为翠华山。

玉案峰峰腰有翠华藏身的金华洞，须抓铁索攀悬崖才能拜叩，更为神奇的是洞里有池水一潭，久旱不干，众称"神水"，曾有诗句"云从玉案峰头起，雨自金华洞中来"描绘出玉案峰与金华洞的曼妙神奇。

天池西边的翠华峰由多个山崩留下的残峰所组成，其中一个小峰孤立于其他残峰之外，昂然矗立，面对群山，此即为"太乙真人"。太乙真人经年累月昂首群山，他不愿意离开这个生民膜拜之地。其实，流传的众神并不为讨香火而存在，他是自然最高法则的符号与伟大事件的载体罢了。

真人驻足危岩中，看顾苍生不了情。而太乙山变翠华山，翠华姑娘化为神仙去，这一来一去都是世俗与平民的需要，同时也为千百年仙山拉近了人神距离，而孤寂的修道人也可以看见绰约的民间女子。此中变幻，云雾也难说清。

苍苍嶙峋裹翠微，山崩开花在心意。

终南山，于最强烈处也充满柔情蜜意，沾满了帝都的诗情画意。

翠华迷津　秦岭雾深

　　以翠华山为代表的终南山地质地貌现象引起了人们极大的兴趣，也促使科研工作者纷至沓来，使得这里成为人们关注的焦点。这里方便的研究条件和祖露的自然外表，有利于人们的观察研究。部分学者（卢云亭等）总结了有关翠华山研究的方方面面的论文专著，归纳了各方面的观点，为人们揭开终南山之谜、深入探讨自然现象做了很好的铺垫。

　　以山崩地质遗迹和崩塌地貌景观为特色的西安翠华山国家地质公园在全国自然公园中独树一帜，它是建立秦岭北坡世界地质公园的核心之一。

　　由于翠华山一带悠久的自然历史文化特点，因而，翠华山一直以来是旅游热点，作为"秦岭北坡旅游度假带"这一概念被首先公开提出，对翠华山一带的认识主要以天池为主，随后有学者不断提及开发翠华山天池景观资源。

　　吴成基教授及其同行们写出的《翠华山山崩地貌景观及旅游开发研究》的论文明确提出了山崩地貌、地质遗迹这一概念，同时又把它作为一项地质景观资源进行开发利用，将地质研究与旅游开发联系起来，这是构成地质公园的重要而明确的思维初论。随后不同研究者针对翠华山的方方面面

◎翠华山地质博物馆

展开了广泛而深入的研究，主要有以下七个方面。

1. 关于翠华山基岩及崩塌体的地层岩性

南凌和崔之久认为，翠华山地层为中粗粒花岗岩（2000 年）。张红贤、甘枝茂等认为，翠华山处于秦岭区域变质带内，其出露的地层为中元古界宽坪群，混合岩化作用极为强烈，是国内花岗岩化作用形成的混合岩类岩石出露极为典型的地区之一，面积广阔，混合岩种类多，如条带状混合岩、眼球状混合岩、肠状混合岩、混合片麻岩等均

◎生命的力量

有分布。另有少量花岗伟晶岩脉及花岗质岩脉穿入（2001 年）。郭力宇认为，本区岩体 98% 为印支期翠华山中粗粒二长花岗岩，少量为混合岩化斜长角闪片岩（2005 年）。贺明静等认为，甘湫池古滑坡体发生在元古界中深变质岩中，岩性以花岗岩片麻岩为主（2006 年）。

2. 关于翠华山地质遗迹性质及景观类型

庞桂珍等认为，翠华山地质遗迹类型为山崩地质遗迹，其景观包括：山崩悬崖景观、山崩石海景观、山崩堆砌洞穴景观、山崩堰塞湖景观、山崩瀑流景观及山崩形成的各种造型奇石景观（2003 年）。郭力宇认为，翠华山风景区属地质山崩遗迹，主要由堰塞湖、堰塞坝、崩塌体及崩塌壁等不同类型的山崩地质作用景观组成。堰塞湖、山崩坝体位于山腰，属于高位山崩堆积体（2005 年）。贺明静等人认为，翠华山主要景观是山体崩塌而成的堆积型地质遗迹。这些地质遗迹包括山崩活动遗留的残峰断壁、崩塌堆积形成的石海遗迹、崩塌堵塞河谷而成的堰塞湖（2005 年）。

3. 关于翠华山地质遗迹景观的特点

吴成基认为，翠华山山崩地貌类型齐全，崩塌规模巨大，巨石个体形

态和组合形态奇特，混合岩特殊的岩石结构构造十分典型（2002年）。张红贤、甘枝茂等人认为，翠华山山崩旅游资源的特点是：规模大，面积广；景观资源丰富，组合较好；科学价值高，具有耐用性（2001年）。郭力宇认为，翠华山山崩地质地貌景观石体造型各异，规模巨大，类型丰实，地貌典型，保存完整，具有奇、险、幽、秀、野风格，属世界罕见（2005年）。庞桂珍等认为，翠华山山崩地貌是中国乃至世界罕见的山崩奇观，原始形态保存良好，以奇、险见长，以高耸的基岩峰岭和深切的沟谷地貌为特色，有"中国山崩奇观"和"地质博物馆"的美称（2003年）。

4. 关于山崩地质遗迹的形成原因

张红贤等认为，翠华山山崩景观是由强烈变质的花岗岩在地震的诱发作用下崩塌形成的（2001年）。郭力宇认为，翠华山山崩景观是内力因素与外力因素联合作用的结果。内力因素主要包括岩石类型背景及面理构造地质因素，其中面理构造主要包括节理面理、断层面理和变质地层面理三

© 翠华天池

143

◎翠华石峰

种类型。节理构造是一种透入性构造，在翠华山岩体中十分发育。翠华山岩体节理以剪节理性质为主，节理面产状基本稳定，延伸较远，节理面平直光滑，矿物质充填较少，并以共轭 X 型节理体系产出，将翠华山岩体切割成菱形及棋盘格式形状。根据野外实地观察，翠华山岩体发育六组节理构造，其中以近东西向及南北向两组节理最为发育，而该两组节理又以高倾角（65 ~ 80 度）、倾向分别以向北及向东为特征。

断层面理是具有明显位移的断层构造面，叠加于节理构造之上，使翠华山岩体进一步破碎。断裂构造属于非透入性构造，在水湫池景区内已发现三条，产状与秦岭山前断裂相似，走向近东西，倾向向北，倾角60 ~ 70 度，断层性质以脆性正断层为主，断面发育擦痕及阶步构造遗迹。

变质地层面理构造是破坏翠华山岩体整体性的另一重要因素。这里的地层为宽坪群中、深变质地层，在翠华山岩体侵入就位过程中发生混合岩化作用，捕房围岩包体，形成混合岩化片麻理不连续结构面，在该结构面上发育云母片状矿物，使得岩石更易剥落瓦解。

郭力宇通过在十八盘及山崩石海两处主景区对崩石轮廓界面性质的随机统计分析（总数为 505 块），结果发现崩石界面为节理的 485 块，约占 90%；崩石界面为断裂面的 12 块，约占 2.4%；崩石界面为混合岩化片麻理的 8 块，约占 1.6%。由上述数据可以看出，不同性质面理构造对山崩崩石形成的影响强度。

关于外力因素，郭力宇认为，翠华山山崩景观是在重力作用下突然快速崩塌堆积而形成的，是在自然诱发作用下使岩石、岩块临空失稳造成迅速崩塌所致。关于外力诱发因素，他认为主要是地震作用所引起的。根据史书记载，周幽王二年（前 780 年），陕西关中地区发生大地震，推断这次地震作用诱发了翠华山山崩。另外一个诱发因素可能是暴雨。在翠华山岩体节理构造内部，由于降水的存在使融冻作用占有突发的地位，并且使节理中黄土出现冻结膨胀，节理裂隙不断扩大，造成岩体失稳诱发山崩（2005 年）。对于地震诱发作用，过去有多人认为是在唐天宝年间发生地震造成的，苏惠敏、贺明静等通过查阅历史地震资料，发现在唐天宝年间关中地区未曾发生地震，从而否定了唐天宝年间地震诱发的山崩之说。他

们认为水湫池堆积坝的形成不可能是同期一次崩塌活力的结果，也没有必要附会于某次地震活动形成当地所有景观（2005 年）。

5. 关于两个"天池"的形成

（1）水湫池

过去曾认为，水湫池是翠华峰发生山崩，大量崩塌物质堵塞太乙河形成的堰塞湖。对于此说近年又有许多研究新解，如郭力宇认为翠华山山崩具有多期山崩地质作用过程的特点。经他初步查明，水湫池可划分为三期：早期为十八盘山崩；中期为风洞—冰洞山崩；晚期为太乙真人山崩（2005 年）。贺明静等认为水湫池不是崩塌堆积堵塞的堰塞湖，而是由大量泥沙混杂的泥石流所形成的。他们发现水湫池堰坝顶部沉积物有典型的"泥砾"结构，由此推断坝的形成和泥石流堆积有关。分别出露在三处的崩塌堆积不是同时一次形成，而是覆盖在堰塞坝表面的不同部位，是在堰塞湖先成后才分别堆积的，不可能是由于它们的堆积堵塞河谷才形成水湫池（2005 年）。

（2）甘湫池

贺明静、孙根年等人认为，甘湫池虽与水湫池不同，但它也不是堰塞湖。他们依据地貌结构和各种微地貌单元的形态特征，判断甘湫池南岸的弓背形山梁是古滑坡后壁，池南向北缓倾的台地是滑坡的一级平台，甘湫池则是夹在中间的滑坡拉张洼地，长轴与后壁走向一致。滑坡陡坎以北没有见到多级台坎结构和断裂、翻转等复杂的构造，这反映了滑坡活动的整体性。其上微地貌单元都清晰可见，表明甘湫坝是一个保存完好的罕见的古滑坡体，但滑坡时间尚须再考。

6. 关于崩塌地质遗迹景观的保护

吴成基等地质地貌专家十分重视翠华山崩塌地质地貌景观的保护，他们在论文中反复强调保护翠华山崩塌地质遗迹景观的内容和措施，提出应保持地质遗迹的天然属性，保护地质遗迹与周围自然景观的协调性，并分别对核心保护区、缓冲区和视域保护区提出了保护要求（2002 年）。郭力宇认为，翠华山风景区山崩景观本身至今仍具有不稳定性，因而对山崩景观的保护尤为重要。保护内容包括：水环境、植被环境、景区崩塌石等

◎翠华石林

方面（2005 年）。

　　7. 关于崩塌地质遗迹资源的旅游开发

　　杨祖山等人早在 1998 年就提出了翠华山天池景观改造规划设计方案，策划了垂钓区——知鱼矶、水边花园——翠芳园、游船码头——海棠船坞、矶石驳岸——柳岸拾春、游泳区——金滩沐日、湖心岛——长虹翠影、水生植物水鸟园——翠洲落雁、绝壁环线——栈道风光等一系列旅游项目和开发产品。

　　张红贤、甘枝茂在论文中强调开发山崩旅游资源的必要性，明确提出山崩旅游不仅要确定其特色和主题，而且要围绕这个中心开发各种旅游产品，丰富旅游活动内容，把翠华山建成以山崩地貌为依托，既具自然景色，又具地质地学科考和探险，集知识性和趣味性于一体的高品位、多功能的旅游区，推动翠华山旅游业发展（2001 年）。

　　卢云亭总结了翠华山的特点，并与全国相似景观进行比对，让我们对翠华山一带景观的殊胜性有了更为全面的了解。

　　首先，翠华山上崩塌景观类型多，山地崩塌可形成许多供人们观赏的景观，人们对巨大的崩塌石、洞有一种"惊""奇"之感，翠华山上崩塌景观类型居全国同类地貌之首。全国已开发的崩塌地貌景观如重庆小南海、安徽天柱山和九华山、河南嶂峚山、福建天柱山、山东鲁山和大泽山等崩塌洞穴都已具规模，其中重庆黔江区（原黔江土家族苗族自治县）的小南海是一处可与翠华山媲美的山崩地质景观。1896 年 6 月 10 日，那里发生 5.7级地震，造成山崩地裂，岩石垮塌，崩塌物堵塞溪流形成面积达 2.87 平方千米、平均水深 30 余米的堰塞湖，堰塞湖之大超过翠华山的水湫池。但从景观上缺乏翠华山那样的巨石堆积规模，更缺乏翠华山那样多的堆积支架洞道。安徽天柱山是我国早期南岳花岗岩构成的名山，其崩塌地貌景观规模也很大，特别是该山主峰区因花岗岩山体崩落风化，形成许多积木式叠石和架于石上的"动石"与半悬半挂的"不倒翁"等怪石，天柱山神秘谷实为花岗岩巨石支架洞道，"长达 450 米，分三宫进出十八盘，高低宽窄错落，左右上下迂回，曲径通幽，明暗交替，忽而巨石横空，忽而犬牙交错，于神秘的气氛中仿佛再现人生的种种境遇。此洞堪称'花岗岩洞第一洞府'，为同类景观中所罕见"（郑炎贵）。但其规模仍小于西安翠华山。至于其他花岗岩名山，如九华山、嵖岈山、鲁山、大泽山、凤凰山等都有崩塌石块垒积的地下洞府，并成为那些山地的著名旅游景点。综观全局，其崩塌景观类型均未超过翠华山。翠华山崩塌景观类型主要有残峰断崖、崩塌石海、堰塞湖、崩裂面、山崩残岩等。（庞桂珍等）由它们衍生出的景点如鬼门关、风洞、冰洞、望乡台、卧龟石、卧虎山、八仙洞、阴阳石、玉兔醉卧、通灵玉玺、鹬蚌相争、剑石、夫妻对拜、观景台等有多种造型。黔江小南海有比水湫池大得多的堰塞湖，但没有上述其他崩塌地貌景观和景点。天柱山虽有几百米巨石堆积洞，但缺少翠华山丰富的景观类型。因此翠华山的崩塌地貌景观类型之多，堪称"中国之最"。

混合岩体种类多是翠华山花岗岩体第二个特色，这里处于秦岭区域变质带内，其出露的地层中元古界宽坪群，混合岩化作用极为强烈，是我国

◎翠华湫池

花岗岩化作用形成的混合岩类岩石出露最为典型的地区之一，面积广阔，混合岩种类多，主要包括：条带状混合岩、眼球状混合岩、肠状混合岩、混合片麻岩等类型，具有极大的科学研究价值（张红贤等）。

堆积支架洞穴多是翠华山另一个重要地质和景观特色，水湫池西北部出露的崩塌堆积均为角砾状的巨石，它们相互叠压、支撑形成的间隙空间很大，仅以高、宽在一米以上可以容人出入的空隙计，即有数十条之多（贺明静）。所有这些洞体的共同特点是内部中空，没有泥沙填充，具有极好的观赏、避暑、体验、猎奇功能，如风洞、冰洞、天洞、八仙洞等。

综观对翠华山的各种研究，翠华山在地质科学上的独特地位以及相应的其他价值都是无可比拟的，它可感也可知，在华夏古都面前尽显人对自然的认知、改造、利用、保护。

翠华山在今天成为终南山越来越响亮的名牌，其独到的地质科学价值成为秦岭的骄傲。

终南形胜，人文荟萃，我们以对待翠华山的热情和认真审慎且科学地来做终南山这一文章，延续到莽莽秦岭，相信终南人文与终南自然将会焕发出更为璀璨的光芒。

五台佛光照长安

　　五台山是佛家的符号，五台的出现是自然的事情，但是独具慧眼的佛家高僧认定了这个符号并在此安家作为续佛慧命的法源胜地，却是在智慧观照下的人的选择。位于山西省忻州市五台县境内的五台山由此成为我国佛教四大名山之一。

　　五台山是地球上最早露出水面的上升陆地之一，它的孕育可以追溯到26亿年前的太古代，到震旦纪时期，又经历了著名的"五台隆起"运动，形成了华北地区最雄伟的山地，五台山佛教文化就是立足在这一块最为古老的大地上。按照五方佛的观念，在北方以山西五台山为中心又相继发现了北五台山、东五台山，如果以陕西耀县的五台山作为西五台山，加之在秦岭终南山发现的南五台山，这样就完成了五台山佛教文化的大格局。包括中央在内的五方佛概念就在这一菩萨五道场上完美体现了出来，它体现了佛法的圆满意味，所谓五台分身也就是一种形象而旷达的意会了。

　　南五台作为五台山佛教文化的有机组成部分，它的自然属性完全符合五台山那种原始古老与高峻清凉。秦岭发现的18亿年前的岩石足以印证这里有更为古老的历史；终南山在人类出现甚至生命出现的前夜这段时间，强烈的自然变化与生命的活跃使得这一带更是酝酿着需求，为佛法的应世准备了智慧需求，万物的生存和竞争急需来自内在和外在的调和与协调。

　　佛法常说法不孤起，必待缘而生，终南山南五台的出现与闻名就是结合着自然演化的一种择地法缘。更进一步，在人文荟萃的长安帝都边，这种需要对别样文化与文明的需求与尝试就显得顺理成章和水到渠成。

　　五台形胜为文殊菩萨道场，智慧第一成为人们膜拜的缘由。终南山文明之地也迫切需要一种出世间智慧的熏染，天遂人愿，此地发生的纷纭缘起为五台神秀奠定了基础。

◎五台胜境

史传南五台山乃一千三百年前观世音菩萨现比丘身降伏毒龙所开之古道场。亦莲宗八祖、云栖莲池大师、中兴莲宗之发源处也（《增广·与高鹤年居士书》）。至于为何观音显圣而成就文殊道场，这个就是佛佛相赞、方便随缘、利益众生的大悲智慧了。

◎终南神秀

在千沟万壑的秦岭北麓，南五台被世人称为终南神秀。《关中通志》记载："南山神秀之区，惟长安南五台为最。"史载自秦汉以来，南五台就是帝王巡游、佛道修行、百姓朝山进香的圣地。隋唐时期，随着佛教传入中国，终南山就被赋予了更多宗教文化内涵。南五台正是当时这个地区佛教的中心，隋文帝、唐太宗都曾率众登临。到了近代，印光大师住南五台圆光寺，为净土宗十三代祖师。道安、善导、觉郎、来果、海灯法师都曾来此修行，有"一片白云遮不住，满山红叶尽是僧"之说。

南五台的大台是观赏佛光的好地方。夏季月云海漫漫，雨飘雨住，清润的空气极其有利于虹霓佛光的出现，只是虹霓一般在日光一侧，而佛光在日光的对面，在大台上经常可以看见由阳光衍射形成直径 2 ～ 3 米的彩色光环，就是常说的佛光，根据气象条件，一般持续时间仅几分钟。佛光在南五台很早就为人们所注意，隋代称为神光，建有神光寺，较确切的记载为《咸宁县志》："宋太平兴国三年夏（978年），六次出现五色圆相瑞"，因此，改神光寺为圆光寺。

南五台自然风景颇佳，从山下看 5 座山峰如笔架排列，一览无余，似乎近在咫尺，从竹谷进山至大台竟有 12.5 千米之遥，山重水复，峰回路转，险峰秀岩，目不暇接。涓流如帛的流水石瀑布、孤峰独秀的送灯台、屈腿静卧的犀牛石、峻拔凌霄的观音台、势若天柱的灵应台、如虎长啸的老虎岩等，景色如画，美不胜收，真可谓"构造地貌博物馆"。

南五台山重峦叠嶂，陡峭峻险，树木繁茂，苍松掩映。五台错落有致，遥相呼应，各有雄姿。晚秋时节，五台层林尽染，金秋红霜烂漫，染红山峦，映红河谷，令人流连忘返。南五台的最高峰大台又叫观音台，海拔 2389 米，登台可俯视周围群山。观音台的西北方向依次排列文殊、清凉、灵应、舍身诸台，登高远眺，"荡胸生层云，决眦入归鸟"。若逢晴明，佛光乍现，通天一片祥和瑞气。向北展望，一览秦川的壮美，长安的繁华。倘遇风起，云团就似雾状腾空而来，眼前即刻一派空蒙，在多种香草树脂气息中，使人若仙若幻，道不尽无穷感受。白居易有《登灵应台北望》诗："临高始见人寰小，对远方知色界空。回首却归朝市去，一稊米落太仓中。"

石崖上民国陇南人李兰亭摩崖题刻慨然赞之："观终南山势脉雄厚，

藏丰富之物产，拦万水之泉源，言风景名胜，惟南五台为最著。重峦耸翠，梵宇连云，条梅纪堂，古诗歌美。至若百卉香艳，森林荫凉，树叶红黄，松柏翠苍。幽雅景色，四时别致。非仅游骋娱乐，颇足启人颖慧。……踞石北望，烟村罗列，镐京夜灯映星，涓水横贯秦川。登峰南瞻，万山环拱，秦岭蜿蜒长卧，气象晖阴万千。"

南五台之独特地质地貌为人杰地灵之基础。秦岭北坡是我国著名大断层，陡险的山岭直接连着渭河冲积平原，南五台断层就是秦岭北坡断层带上的典型。这里断层垂直距离 500 ~ 1000 米，山的主体呈东南方向分布，为次一级的断层构造。山体沿东南断层逐渐抬高，成为一峰耸拔千仞，五台卓立云表的峻势，这些依次错落的峰头、峭直凌空的悬崖都与断层有关。舍身台台边就是有名的舍身崖，崖壁外露，呈灰白色，除松树外，少有植被，这里应该是标准断层面。虽然断层也是一种巨大的破坏构造体，但是比起翠华山的危岩磊磊，这里在险峻中还是多了一种安稳，难怪佛家在此安家。

山口前也有断层，还有山前洪积扇和各种流水地貌。山内有可考察秦

岭山体的部分出露地层以及岩浆沿此软弱地带活动而形成的各种岩石，因而，这里是地质地理工作者考察研究和大专院校学生学习的好地方。

南五台的植物丰富多彩，素有植物宝库之称。山中有植物近千种，盛产药材，有"特殊活化石"孑遗植物、观赏珍品七叶树、望春花等。

南五台森林植被丰茂，现已被定为国家森林公园。这片海拔650～2589米、南北长15千米、东西宽10千米、总面积76.75平方千米的山谷林海是人们游览观光的旅游胜地。山台周围有上千亩的原始森林，林中苍松、古柏、橡树、冷杉凌空造势，核桃、国槐、白杨、青冈、望春、紫荆等点染布局，树木植物达100多科上千种，浓荫遮天蔽日，穿行其间，如走进一座庭院深深的皇宫大殿。森林公园春来鸟语花香，炎夏蝉噪林静，秋季五彩缤纷，冬临白雪压枝，四季精彩纷呈。林相层层叠叠，极富立体感。

南五台的种子植物有100余科1000多种，占陕西省植物总类的1/3以上，乔木除引种驯化的品种外，其余全部为自然更新。整个游览区由山口到最高峰，水平距离不到5000米，而垂直变化达1200米，使不同高度的

©兜率台

沟段、山体的自然条件发生明显的变化，因而产生了明显的土壤垂直分带和植物垂直带谱。由山口到甘露堂主要群丛是侧柏—杭子哨—大披针苔—苔藓，在此以上到海拔1100米是栓皮栎林带，树龄21～30年，林带瀚海无垠，林下有山杏、虎臻子等稀少灌木，草本多为沿阶草、天门冬、柴胡、丹参等，在沟边和水边有竹林和亚热带作物。在海拔1100米以上主要是粗壮高大的锐刺栎林带，林间枯枝落叶层厚达5～10厘米，林中乔木分为两个亚层；其下部灌木发育很好，也可分为两层，因而总郁闭度很大，但藤本山葡萄、南舌藤等可攀缘到最上林层。在海拔1520米以上生长着油松林，多分布在石缝、悬崖和山头，由于松树多受定向风吹袭，枝条都顺风而长，形成独具一格的"五台松"。此外，在佛殿门前的明代古槐和在天子峪口观音堂的千年古银杏树都具有较高的科研价值和观赏价值。（王兴中）

五台伟岸尽自然，一山翠绿唱婆娑。神迹渺渺通灵台，灵应翩跹遗生民。

◎圆光寺

◎紫竹林

　　伟大的造山运动与大自然的鬼斧神工在秦岭山脉终南山中突兀雄起出一座单掌擎立的南五台来，与周围群山峻岭形成了一个方圆 10 余里的清凉世界，它有别于翠华山的山崩地裂，留下了不屈与巍峨俊秀的灵台，"似水墨向世外濡染，把清新往八方浸透，用古老而优美的传说，丰富着我们的想象，用超凡奇崛的山谷峰峦供人们登临游览"。

　　悠悠青山，终南无限，一片清凉，五台心安。

　　礼赞的佛掌给喧嚣的世事以清新的抚慰，顾看万千，佛光不变。

◎云峰异景

楼观翠竹道自然

秦岭因终南山而缥缈，终南山因楼观而自然。

如果要从楼观一带的山势里找到不同，就一定可以找到，那是一种安稳和对称的美丽，恬淡安静。看东西楼观的丘台峦势，如龙头探海，如青牛耕耘，就是风水里说的近案山峦秀润，瞰关中沃野而心存高远；而远靠首阳高峻，当是心高地阔，背阳抱阴，冥然安静。

离开这些文化意象，这里溢满的是自然的本质。

自然本来无须假言，强为之道，则洋洋大观，成为自然文明。人作为自然的精灵，活跃在自然的自在里，看不见茫茫的边际，找不见自在的核心，于是逶迤西去，不知所终，如日月衔山，长河奔去，这些就是自然。

一个圣人代天地立言，在这里希言自然，道法自然，常自然，百姓皆谓我自然，以辅万物之自然。于是，这里成为自然之地，以自然为核心的道家文化成为这里的图腾、龙象，文明与自然在这里成为不分内外的一体。

◎楼观台

◎道教圣地

它的焕然文采使之斐然闻名。于是，有万物之母，因之，终南楼观成为"天下第一福地"。

一切缘于道家始祖老子：老聃。老聃大约生于公元前581年，或前571年，卒年不详，他姓李名耳，字伯阳，谥曰聃，楚国苦县（今河南鹿邑县）人。他的家世世代为周史官，他自己曾做过周守藏室之吏，是周朝掌管典籍图书的史官。后因避内乱，他隐归故里。《史记》本传是这样记载的："老子修道德，其学以自隐无名为务。居周久之，见周之衰，乃遂去。"

楼观台得名于公元前11世纪的西周王朝。

据道教典籍记载，楼观的创始人尹喜是周朝时著名隐士。尹喜字公文，甘肃天水人。尹喜因爱好天文、地理及星象易理之学，为寻清雅之地修道，乃涉览山水，选终南山下周至县境内神就乡闻仙里，结草为楼，观星望气，精思至道，因号其宅为草楼观，后人简称为楼观。相传周昭王二十五年，老子西行入秦，受到时任函谷关关令尹喜的盛情接待。嗣后，尹喜以病为由，

161

辞去官职，迎老子归草楼观本宅，斋戒问道，并请老子著书以惠后世，老子遂著《道德经》五千言授之。尹喜还在草楼观南约千米的小丘上筑台请老子讲经，后人称此处为说经台。后因曾在说经台建祠祭祀老子，故说经台又名老子祠。又传说老子逝世后，就近安葬于距说经台西数里的大陵山，后人称为老子陵，其地又名西楼观。沿山而上，峰顶有"吾老洞"，相传为老子飞升之地，清圣祖康熙二十年（1681年）刻立的"吾老洞"石匾嵌于洞门额，后世犹存。《史记》所载："至关，关令尹喜曰：'子将隐矣，强为我著书'，于是老子乃著书上下篇，言道德之意五千余言而去，莫知其所终。"

言道德之意五千余言的《道德经》是世界文化史上的瑰宝。各种文字的《道德经》译本的印量在全世界的出版物中仅次于《圣经》，居第二位。

一言成就一座山，五千言接起五千年。名山名观从此车水马龙，有违了道家的清净，却使大道得以流行。

©宗圣宫

◎楼观丹炉

在楼观，老子谱写了他与秦岭的关系，代言了人与自然的关系、人与社会的关系，在独特的地理空间为我们定格了一种不变和变化的自然模式。在大自然大社会面前，个体必须寻求自我生存的空间，个体的存在又以自在的方式叩开了自然之门，进而进入更为广阔的空间，无穷无尽。

相传周穆王曾来此游乐，建造"楼观宫"；秦始皇在观南建清庙，前来求拜神仙；汉武帝在观北建祠；晋惠帝在此植树十万余株，迁来居民300多户专门维护建筑和园林；南北朝时期，北方著名道士大多集中于此，形成颇有影响的"楼观派"；隋文帝初年又进行大规模修建；唐高祖李渊认老子为远祖，亲往楼观台，改楼观台为"宗圣宫"；唐玄宗以夜梦老子为名，改"宗圣宫"为"宗圣观"，并扩建规模，殿宇豪华，道士众多，盛极一时。

楼观台的盛名吸引着历代文人学士。唐代王维、李白、岑参、欧阳询、温庭筠、白居易、卢纶、李商隐，宋代苏轼、苏辙兄弟和米芾，元代赵孟頫，明代康海，清代王阮亭等人，都游历过这里，赋诗作画，刻石题字。

◎ 花映楼观

其中"宗圣观"碑侧有苏东坡题楼观诗云:"鸟噪猿呼昼闭门,寂寥谁识古皇尊。青牛久已辞辕轭,白鹤时来访子孙。山近朔风吹积雪,天寒落日淡孤村。道人应怪游人众,汲尽阶前井水浑。"

"山以文传,文以山载。"自然因人的参与,免不了文以载道的路数,似乎是远离了自然,其实是在接近自然的本质,在追究自然隐秘的一面,用人心道情温润自然。

"关中河山百二,以终南为最胜;终南千峰耸翠,以楼观为最佳。"

走过千年的悠悠历史,精神传承,自然依然是自然。今天的楼观台环境怡人,视野所及有奇峰峭崖、瀑布溶洞、曲水温泉、奇花异卉,更有殿、塔、台、洞星罗棋布。楼观台既有周秦遗迹、汉唐古迹,又有山清水秀的自然风光。楼观台东距古城西安70千米,与陇海铁路、西宝高速公路、108国道相接,古今都是通途之地。道以通为第一义,择地之缘于此可见。

楼观位于北纬34°12'、东经108°20',为秦岭中段北麓突出的中低山地,岩层复杂,主要为花岗片麻岩、千枚岩、角闪石英片岩、绿泥片岩、大理岩、石英岩等,均为太古代前震旦纪秦岭系地层。此也为古始,也谓道纪,可以知沧海,明兴废,道在青砖,道在沙砾,也在危岩,也在海底,周流六虚,变化成器。

这里年平均温度13.6℃,绝对最高温度(7月)39℃,绝对最低温度(1月)-18℃,最高月平均温度29℃,最低月平均温度-1.5℃;年平均雨量约800毫米,雨季7、8、9月,分布不均匀,最高月平均雨量(8月)270毫米,最低月平均雨量(1月)19.8毫米;年平均湿度78%,最高月平均湿度84%,最低月平均湿度60%。可见这里水汽丰沛,阴阳激越,氤氲弥散,变化多端。

此地多西风、西北风,西风最大时达8级。秋冬时节,风彻夜呼啸,充分呼应道家以风为动、进退自如的玄虚境界。

这里森林繁茂,山清水秀,环境优美,文物古迹众多,生物资源丰富,地热温泉富集,民俗风情浓郁。优越的自然条件使得这里早早就成为农业社会的富饶之地,"金周至银户县"就是对楼观终南山一带的真实描绘。

因为"古、秀、幽、奇"的风景特色闻名遐迩,这里被定为国家森林公园。

公园总面积 275 平方千米，规划为东楼观、西楼观、田峪观、首阳山四个游园。有四十里峡一线天、野牛河高山瀑布、旺子沟古溶洞、首阳山五彩壁石及仰天池、洞宾泉、龙王潭等自然景观；有光头山草甸、高山云冷杉、杜鹃天然林等垂直带谱明显、季相变化万千的植被景观；有说经台、炼丹峰、大陵山、吾老洞、红孩洞、龙王庙等诸多人文景点，森林公园有木本、草本植物千余种，千年古树，名木花卉，蔚为壮观。春天层山绿秀，嫩柳含烟，百花争艳；炎夏群山凝翠，苍山秀水，清爽宜人；金秋层林尽染，满山红遍，美不胜收；隆冬"三友"斗雪，娇娆迷人，涉趣无尽。气象景观丰富多彩，一天里一园有四季，十里不同天。随着四季交替和阴晴雨雾，景观变化无穷，给游人以秀美的享受。

森林公园海拔 507 ~ 2997 米，地形地貌复杂，游览空间多变。青峰碧水、幽谷含秀、重峰叠峦气势巍峨，悬崖峭壁，怪石嶙峋，石峡深邃，飞瀑深潭，令人神往，金林峡、兴凤峡、四十里峡三峡风光格外诱人，旺子沟溶洞千姿百态，栩栩如生。迎宾石、将军石、蛇退壳、鬼推磨、望乡台等景点曲径通幽，让人流连忘返，公园有田峪、九峪、耿峪三条主河，源于秦岭，飞瀑流泉流入渭水，水质清冽甘美。淙淙溪流蜿蜒曲折，清澈见底；闻仙沟"拐李"十八瀑曲径绵延，似一幅水墨画卷；野牛河瀑布似玉柱连天，飞流直下；阴司潭、龙王潭深不可探；高山湖泊的仰天池、首阳天池碧波

◎仙山意远

荡漾；龙瑞泉、洞宾泉、化女泉热则热，凉则凉，清流终年不断。

森林以天然次生林为主，高山上有原始林分布。森林覆盖率 81.3%，风景林面积 186 平方千米，生长繁茂，为整个公园涂绘了绿色基调，有山皆青，有水皆碧。据调查，常见木本植物 78 科 97 属 480 种，草本植物 62 科 304 属 564 种，以及苔藓、蕨类等共计 1400 余种，有"天然植物园"之称。其中珍稀濒危保护植物有太白红杉、银杏、山白树、青檀、领春木、香果树、金钱槭、杜仲、水曲柳、野大豆、天麻等 31 种，占陕西省保护植物的 47%。

王维在《竹里馆》中写道："独坐幽篁里，弹琴复长啸。深林人不知，明月来相照。"郑板桥的《题画》曰："我有胸中十万竿，一时飞作淋漓墨。为凤为龙上九天，染遍云霞看新绿。"翠竹婆娑，绿影摇曳，仙风道意，也是楼观自然写实。

秦岭是竹子的故乡，考古和历史文献资料证实，原始时期中国竹林的分布西起甘肃祁连山、北到黄河流域北部、东至台湾、南及海南岛，而且自古引种栽植，到近代愈发普遍。

楼观台的竹林历史久远。20 世纪 60 年代，楼观台试验林场开始南竹北移，先后从湖南、湖北、浙江等地引进 190 多种竹子品种，建成了中国第二大竹类品种园，栽植竹 6000 余亩。

楼观台以老子说经台名扬天下，而楼观台的连绵竹林也和道教文化相得益彰。

竹子在中华文化中被人格化，成为象征中华民族的人格评价、人格理想和人格目标的一种重要的人格符号。英国著名学者、研究东亚文明的权威李约瑟在《中国科学技术史》中指出，东亚文明过去被称为"竹子"文明，中国则被称为"竹子文明的国度"。

道家的遁迹山林、淡泊自适的人生道路和人格理想就是面对青青翠竹的超然体验。

竹子的清风瘦骨到"超然脱俗"的人生境界都是形象感悟的结果。

由生产生活资料到具有自然观赏价值的景物，再到表现人类精神追求的审美载体，竹在人们的生活中发生了质的变化。从自然到"人化的自然"

再到"自然的人化"，实用性向审美性的转变标示出人们对同自己息息相关的自然的终极关照。由此，道家也从中凝练出国人的精神范式。

　　走进楼观台百竹园，翠竹林立，苍翠欲滴。在竹园里信步漫行，仿佛置身于绿的海洋，园内一片翠绿，绿得各不相同，墨绿、葱绿、黄绿，深的、浅的、浓的、淡的……竹叶也是有窄有宽，如手掌、如鸡爪、如眉、如剑；有的通体金黄，叶子却是绿得醉人；有的中直通天；有的随地而息，参差不齐。群竹簇拥而高耸，直插入云霄，层层密密错落有致。这里的竹子永不孤独，群生群长，患难与共，高可摩天，低可触岩。上以天力透苍穹，下可对地入三分，参透天地的不懈之功形神毕现。

◎竹林荫浓

花有盛衰，草有荣枯，树有轮回，而竹从不在意四季的更替，从不折腰俯就，自成清韵。竹叶秀美清丽，竹枝洒脱袅娜，竹竿笔直刚劲，难怪与梅、兰、菊共享"四君子"之殊誉。站在透射过竹林缝隙、洒落在地的星星点点的阳光中间，微风吹来，竹叶响动，竹语喃喃，身心俱忘。

《道德经》云："三十辐共一毂，当其无，有车之用也。埏埴以为器，当其无，有器之用也。凿户牖以为室，当其无，有室之用也。故有之以为利，无之以为用。"

竹子的用处不可尽数，竹筏、筷子、椅子、桌子、毛笔、牙签……我国云南地区的少数民族用竹子做房子、床、背箩、杯子、竹席、乐器……

竹子的种类很多，有楠竹、斑竹、罗汉竹、毛竹、紫竹、方竹……

竹子不需要肥沃的土地，在高山峻岭有土的地方就可以茁壮成长。

竹子属于禾本科，最矮小的竹种，其竿高 10～15 厘米，最高大的竹种，其竿高达 40 米以上。（李世东，颜容）

自然也人为，人为本自然。一竹一道人，相忘洞天地。在秦岭中，这难得的郁郁竹林千年不绝，这千里引进的竹种蓊蓊郁郁，清瘦的身影传达着简朴的信息，留给会心的人类体悟无穷的奥义。

今日看说经台，南依翠峦，北瞰渭水，古木参天，绿荫蔽日。置身于翠峦茂林之间，吞吐那山水含蕴的灵气，旷若不见古始，究兮窈兮冥兮，老子的"道可道，非常道"大音希声于山风林雾之中，西望仿佛见青牛，唯恍唯惚两苍茫。五千真言，传于斯台；老子已去，楼观犹在。人法地，地法天，天法道，道法自然，涣涣流行，寂兮寥兮，独立不改，周行而不殆。自然无始无终，道妙存乎见用。

柞水溶洞太乙宫

终南山是千里秦岭的中心，再以长安古都研判，当属离火正南。传统文化中离火属于文明，属于中空，属于女子，属于红色灿烂。通过对终南山上无数山峦峰头的登攀，无数沟谷草木的细数，无数聚落庙观的探访，我们对于这里的自然人文历史只有一个判断——灿烂！我们发现，这里焕然常新的文明源源不断，不断谱写着云霞般的精神画卷。

站在悠悠终南山面前，我们知道这里坚强崔嵬，我们知道这里踏实厚重，即使天崩地裂，也是不倒的伟岸。

可是，出于一种曼妙的意象，我们也许会忽略它，忽略它的符号，忽略它所展示的甚深意味，由此我们会失去许多思考的空间以及思考的能力。

我们知道翠华山有风洞冰洞，这巨大的洞穴正是离火的符号。文明生发必得水火既济，终南山云雾正是活的写照，翠华天池正是南方火头上的源源动力。终南山让我们领悟着水火济太乙的道理。毕竟，终南山就叫太乙山。终南山下有著名的太乙宫，也并非偶然吧。

翠华山的得名全是因为一个女子，一个翠华姑娘，连伟大的太乙都让位给这个女子。这不能不说是文化的神奇、意趣的绝妙。

◎太乙近天都

我们继续南去，见证终南山秦楚古道。

终南山秦楚古道南起柞水境内的花门楼，北至长安辖地天都池，属历史上贯通秦楚咽喉要道——"义谷道"中的一段。由于此段处于横断南北的秦岭脊背上，特殊的地理位置和气候条件锻造了十分明显的南北自然风景边际。走在古道上南北眺望，万亩草甸、十里杜鹃、千亩腰竹、冰川遗迹等自然景观尽收眼底。加之古道历史悠久，留下了以唐太宗李世民和诗仙李太白等为代表的帝王将相和才子佳人的足迹与传奇，这些丰富的文化积淀，使古道成为集自然风光与人文景观为一体的旅游胜地。

翻越终南山主峰，来到山之阳，依然是山连着山，峰接着峰，这里人烟不多，境有柞水，故名柞水县。

柞水地处西安以南，商州以西，莽莽秦岭之南坡。秦岭横贯北境，林海的原始森林是国家生物基因库。地形西北高，主峰牛背梁海拔2802.1米；东南低，社川河谷最低海拔541米；中部是海拔800～1500米的中低山川，以乾佑河、社川河两大水系为主，有川道平地及青秀山峦，有地壳运动、海底抬升的喀斯特地貌及海底海螺化石沉积。有金山粮仓著称的鱼米之乡，亦有商贾云集的古镇，还有筹备未开采的铁山、银矿。从西北主峰的苍松林海到中南的经济林带及茂密的农桑，柞水是绿色的植物库，瑶草山青，琪花药香。从柞水自然地貌特色看，"九山半水半分田"是当地自然土石山区地貌的写照，中草药的生成优势优于太白山，更优于关中平原，最主要的一条是柞水处秦岭南坡带，有数次地壳运动变化，年代不同，褶皱形态各异，方向不一形成的小区域地形，构成动植物不同的生态环境，因而药物种类繁多。

柞水县境内有溪流大小 7320 条，水域面积占 18.66 平方千米，河流总长 5693.4 千米，其中 10 千米以上河流 50 条，集水面积在 100 平方千米以上河流有 9 条。按平水年计算，全县地表水总流量 6.54 亿立方米，人均占水量 4100 立方米，为全地区人均 3.2 倍，是陕西河网密度大、水资源丰沛县之一。水生药物有浮萍、水松、藕、鱼类、鳝、鳖、青蛙、蟾蜍、娃娃鱼；阴湿地有木贼、九头鸟；溪流沟涧有卷柏、石泽兰、石针、石茶、老君丹；沼泽地普遍生长菖黄、鱼腥草、灯芯草、夏枯草等等，不胜枚举。

透过有关资料，我们明白了终南之南的勃勃生机和水火既济。《郭店楚简》有云："太一生水，太一藏于水。"终南山也叫太乙山，太乙即太一，这是国学常识。终南山北麓，长安有著名的太乙宫，南坡商洛的柞水县有著名的柞水溶洞。柞水溶洞其实是大自然的太乙宫！柞水溶洞与太乙宫隔山相望，造化玄机，幽深隧道。柞水溶洞和太乙宫，终南山隧道将之凿通，连成整体，魂血长出生命，脉气育出文明。终南山隧道是现代人类的洞天，是太乙信仰的福地。"太一藏于水"，藏了整整两千多年啊！

太一生水，水以柞名，柞水含酸，岩溶洞天。柞水溶洞是自然的杰作、造化的神奇、文化的绝妙，终南山山之阴有风洞太乙宫，山之阳有柞水溶洞群。柞水溶洞位于柞水县城南 13 千米的石瓮乡一带，是我国北方最大的溶洞群落。

溶洞形成于亿年前的海浸时期，随海水南退逐渐出现喀斯特景观。溶洞发现的记载最早的大概是在隋末唐初，此后的 1000 多年里，入洞探险者络绎不绝，并演义出许多佛界的故事和道家的传说。

目前已发现的溶洞有 115 个，在已探明的 17 个溶洞中最为吸引游人、自然景观绚丽多姿、可以开发利用的溶洞有 9 个，其中佛爷洞、天洞、风洞、百神洞等已对外开放。

因为该区岩石多为石灰岩，裂缝较多，透水性好，加之该区又系亚热带气候，温度较高，岩溶发育较快。已明显外露的有佛爷洞、天洞、风洞、百神洞，西干沟的玉霞洞、金铃洞、探奇洞，东干沟的云雾洞等共 100 多个溶洞，洞内钟乳石和石笋千姿百态，各具风采。

佛爷洞位于呼应山山腰，洞口面向西北，海拔 797 米。该洞是具有上、中、下、底 4 层的溶洞，共有 7 个大庭堂、23 个小庭堂，大的平坦开阔，如同大雄宝殿；小的典雅秀丽，宛若苏州园林。

©步步青云

©秋意盎然

天洞毗邻佛爷洞，位于海拔805米的呼应山山腰。由于入洞后步步而上，大有登天之势，故名。据分析，此洞与佛爷洞相通，是分属不同时期的地下水位线溶蚀形成的，但目前尚未发现通道。与佛爷洞相比，天洞有惊险、段落清晰、形象单纯的特点。

百神洞位于天书山麓，古称玉皇宫。此洞底层有地下暗河，相传民国初年，有人将一背篓麦糠倒入暗河，七八天后，麦糠在乾佑河入汉江口的山洞中随水流出。该洞有幽深莫测的特点，诗曰："浪涛拍岸，天摇地倾。激流飞驰，万马腾空。天上地下，风吼雷动。"

风洞在石瓮子北1千米处的山腰上，相传洞内有一小洞劲风不止，故名。此洞深约15千米，洞道迂回曲折，有可容纳千人以上的大厅5个，有规模大、离奇壮观的特点。

玉霞洞位于西干沟银洞凹的半山中，海拔1800米。

金铃洞位于西干沟腰凹，海拔1800米，与玉霞洞相距百余米。

我们知道，溶洞的形成需要满足四个条件：可溶的岩石、含有弱酸的水、流动的水和具有裂隙的岩石，终南山一带不乏变质的大理岩，柞水一带石灰岩分布广泛，一直到蓝田一带，再到商洛，几亿年前的浅海相地带，在沧海桑田地质作用下，沉积的石灰岩裸露到地表。在构造作用下，岩石节理发育，裂隙连绵，成层的石灰岩在秦岭酸性地表环境下，在雨水丰沛气候湿润的秦岭南坡就开始了亿万年的岩溶化作用。

发育深广的溶洞一般在地下水面变动地带，地下河流成为与溶洞互相依存的不二法门。随着地表与河流关系的变化，地下终于形成了多层次的立体的地下溶洞群。

因为溶洞，自古柞水就和文人墨客、帝王朝臣结下不解之缘，白居易、贾岛曾留下了千古传诵的名篇，唐太宗、寇准曾涉足此地，韩湘子、孙思邈、徐霞客也曾在这里留有墨迹。不但洞内奇幻，洞外的天书山也是一派风光，登临其上，眼界开阔，尤以清晨望云台山日出或雾中眺石瓮烟云最具特色。若遇河潦水涨，于山上听涛，则水涌石激，声若雷轰，更能领略到石瓮名字的缘由。内里中空，风鼓激荡，天地和鸣，大音响震。

陕西柞水溶洞内各种形态的钟乳石、石笋、石瀑布、石蘑菇、石幔琳

琅满目，美不胜收；石禽、石兽、石猴、石佛形态各异，酷肖逼真；晶莹透亮的石花、石果、石葡萄令人垂涎欲滴。洞群姿态各异，绚丽多彩，既有南方的柔媚，又有北国的豪放。

柞水溶洞在全国目前已发现的144处溶洞中独树一帜，被誉为"北国奇观"。

对峰台是柞水久负盛名、峛然俊秀的山峰之一，来溶洞观光的人行至山下都会眺望赞赏，它"赛似峨眉，胜似华山"，被当地群众称为"奇峰"。

对峰台也在县城南的石瓮乡，奇峰突兀，险峻难攀，峰顶建有娘娘庙。两旁双峰耸峙，西北侧山下有洞。百神洞有碑载，相传明代中叶，"洞吼三日，忽然划开，有神水，祈雨多应"。

相传在宋朝的真宗天禧（1017—1021年）年间，当地名士和群众在对峰台修建祖师庙三年。到元朝末年的一天，一个樵夫去笔架山砍柴，休息的时候背靠山，面向对峰台，忽然瞧见对峰台的山峁上有一位妇人面向东在那里梳头。他甚感奇怪，梳头不在家里，却到山顶梳什么头。心里这么想，但并未在意。第二天，他吃过早饭拿起砍刀仍到此山砍柴，不停地砍，砍了捆，捆了砍，当他就地休息时，忽然又瞧见那位妇人在梳头，他又惊奇又畏惧，便一口气跑回村庄对众人说："对峰台有一位妇人在梳头……"大家听了甚感奇怪，认为是菩萨显圣，故于明代在此山修建了观音娘娘庙。门枋刻有对联，上联为：此山就是普陀山，何必远来求神仙；下联为：祗要凡民心向善，回心转意就是仙。

对峰台山腰有一条通向山峰和西干沟的小道。相传，宋末时期，朝廷腐败，庶民百姓负担过重，农民起义四起，大举义旗反抗朝廷。有一位徐氏，丈夫被官军掠去充军，儿女被杀害，她只身逃出虎口，被迫无奈，聚众造反。朝廷派兵清剿她时，徐夫人领众刚过，官兵即至此道，遇一位年轻妇人坐在山腰，一只脚从这山踩着那山，不让官兵经过，官兵只好返转，顺乾佑河而下。徐夫人得脱，此后小道被叫作长腿弯。

可谓无独有偶，在山之南，依然传扬着这样的故事，依然是以女子的故事成就了这里的神奇，与翠华山一南一北，相得益彰，为离之女寻找印证。不管她是神也罢，菩萨也罢，平凡女子也罢，总是柔性的阴柔的女性之美。

从终南山南坡往东眺望，离火文明丝毫不变，而离中虚也绰绰约约，真是道不离左右，真实不虚。

◎蓝田猿人遗址

◎锡水洞　　　　　　　　　　　　　　　　　　　　　◎古树参天

辋川烟雨，王维的隐逸神迹至今宛然若在。

古人梁宝赏赋云："终南之秀钟蓝田，茁其英者为辋川。"辋川沿途山岩相映，群峰竞秀；奇花野藤布幽谷，瀑布溪流伴鸟鸣。自王维选辋川作为别墅之地以来，辋川成为历代骚人韵士寻幽觅古之地。辋川山谷湿气较重，常形成雾气如炊烟。细雨之时薄雾缭绕山顶，飘荡幽谷，轻湿如梦，迷情渺渺。明李进思诗云："柳烟桃雨辋川天，书诗千年宛自然。莫道右丞遗迹远，看来只在小亭前。"因辋川烟雨景色奇妙，成为蓝田八景之一。

有一位正史可查的世间奇女子永远驻足在这里，这个奇女子也为这里添彩。在三里镇乡蔡王村有一土冢，系东汉时期著名的才女、诗人蔡文姬之墓，斯人已去，芳草戚戚，孤坟寂寂，但焕然的远影栩栩如生。千古才女葬此中，离离红裳挂长风。阅尽终南无数事，点缀苍凉柔情生。

文明传薪火，女祖烁古今。"蓝田猿人"留给我们的原是一位女祖。驰名中外的公王岭"蓝田猿人"遗址是 20 世纪 60 年代考古发掘的旧石器时代文物群，除一具女性头骨化石外，还有各种动、植物化石和石器等 55件。自发现"蓝田猿人"遗址以来，公王岭就吸引着中外学者和游人。而最为应和这里的是一位女祖，斯义熠熠。

蓝田辋川乡的"辋川溶洞"是终南之响应，接空灵之余风，洞洞传达着同一个主题。

蓝田境内多天然溶洞，最为著名的是辋川锡水洞，该洞位于蓝田县城西约 20 千米的辋川锡水村北，溶洞周围山岭奇丽，景色优美，素有"天下名山此独秀，望中风景画中诗"之称。

锡水洞口位于半山腰，曲径可达，相传为古代僧人用锡杖所通，故名锡水洞。洞内流水潺潺，蝙蝠成群，深不可测。洞口开阔豁然，锡水洞入洞后为一孔高 6 米、宽 12 米、长 100 余米的洞穴，可容千人，自然形成 3 个洞殿。

凌云洞位于锡水洞对面照壁山的半山腰间，与锡水洞一谷相隔，因发现较晚，又叫"锡水新洞"。洞口比河床高 400 余米，洞长 500 余米，且洞内有洞，洞上叠洞，洞壁有窟，窟中有景。

"曾经沧海难为水，除却巫山不是云。"事情未必全是如此。涓涓清流搬运走无数的钙离子，本以为到此不回头了，没有想到沧海桑田又成为高地，再次接受流水的侵蚀与搬运，而且袒露出暗河奔流，溶洞浩大。

都是点点滴滴，都是永远不息，都是在空间给我们展示从无到有、从有到无。

滴水成真已是神奇，蚂蚁搬山缘何成真，巍巍终南山竟被凿成中空通达的通衢大道。

本来，终南山是自然的坚刚，人文的神话，作为"云横秦岭家何在"的阻遏到此打住。蜀道难，它像一道不可逾越的屏障，将巴蜀水乡和关中平原严格地分割并区别开来。而 2007 年 1 月顺利通车的秦岭终南山隧道使得西安至柞水段 130 千米路程缩短到 65 千米，短短 15 分钟左右就可以轻松穿越秦岭。

◎终南山隧道

历数跨越秦岭的几条道路，尽管它们修筑的年代不同，通往的方向不同，甚至道路的属性不同，但只要跨越秦岭就都无一例外的是曲折盘旋。而终南山隧道全长 18.02 千米，直穿秦岭山脉的终南山，为上、下行线双洞双车道，北起西安市长安区青岔，止于商洛市柞水县营盘镇。隧道横断面高 5 米、宽 10.5 米，双车道各宽 3.75 米。

被誉为"中国第一长隧"的秦岭隧道横穿秦岭终南山山脉，断层、涌水、岩爆等灾害频发，难于上青天成为难于挖终南，但是终于还是被人们挖通了，其中列入铁道部科研攻关项目的就有 6 大类 24 个。

不管今天这里如何便捷，创造了多少奇迹，溢美的赞叹终将走远。它留给人们的是在终南山巅那一对洞口指向南方，于铜墙铁壁般山岩上开了天窗，人们有意无意之间又在某一个时代为这里增添了新的中空洞天，为文化符号延续了新的注解。

佛谓四大皆空。空给了我们空灵，给了我们自由，给了我们文明，光明、灿烂从这里生发，在应该中空的地方，中空就成为美好。作为一种方便法门，我们可以有为，哪怕时间待定。

紫阳汉阴凤凰山

　　中国人的精神意象与表征符号说起来也就两个：龙和凤。"龙凤呈祥""龙飞凤舞""攀龙附凤"和"凤凰来仪""凤鸣朝阳""凤凰于飞"都是一般中国人耳熟能详的日常用语。现代许多人都知道《易经·乾卦》中"潜龙勿用"的哲理，却不大注意《易经·坤卦》中"不习无不利"的

教言。其实，"不习无不利"特别重要，它被《易经》视为人类在大地上的光辉真理（"不习无不利"，地道光也）。"习"是"習"的简写。"習"者，本义即鸟或者凤凰在太阳下的飞翔。"凤凰来仪""凤鸣朝阳""凤凰于飞"乃是中国精神的最美仪态！《易经》关于"習"的义理或许生涩，我们且听《诗经》的优美歌唱吧。《诗经·卷阿》写道：

> 凤凰于飞，翙翙其羽，亦集爰止。蔼蔼王多吉士，维君子使，媚于天子。
> 凤凰于飞，翙翙其羽，亦傅于天。蔼蔼王多吉人，维君子命，媚于庶人。
> 凤凰鸣矣，于彼高冈。梧桐生矣，于彼朝阳。菶菶萋萋，雍雍喈喈。

《卷阿》不啻是一首优雅动听的周人国歌，凤凰是它的基调旋律和诗意精灵。诗中描写了凤凰飞翔——即"習"的三种仪态：飞向皇权国家（"媚于天子"），飞向大地百姓（"媚于庶人"），飞向形上天空（"于彼朝阳"）。当然了，"凤凰于飞"首先是雌凤雄凰的和谐之舞，是阴阳合一的吉祥之歌，就像凤凰卫视的徽标设计。根据《诗经·蓼莪》中的"南山烈烈，飘风发发"，和《卷阿》诗中"有卷者阿，飘风自南"的描写，我们发现：这首"凤凰鸣矣"的周人国歌，其灵感的来源地，可能就是陕西省安康市的凤凰山。

陕西省安康市的凤凰山，地处秦巴山系之间。着眼地质构造，它与大巴山、米仓山关系密切；从地貌特征特别是汉江水文地理（余汉章《陕西水文》）的区划功能看，它无疑属于秦岭文化地理空间。安康凤凰山，东西横跨安康市汉滨区、紫阳县、汉阴县和石泉县，是一狭长的地垒式山岭（断块山）。其脊岭海拔 1500 米以上，两侧断崖发育，山上流水侵蚀强烈；狭窄的脊岭上多陡峭的孤峰，起伏跌宕。北坡较陡，南坡稍缓。山间多深切 V 型峡谷，谷坡 20° ～45°，切割深度 300 ～ 500 米以上。二级分水岭多狭窄的齿状刃脊，巉岩裸露。南侧海拔 900 米，北侧海拔 600 米以上地区（三级阶地后缘），山高坡陡，52% 的耕地分布在 25° 以上的陡坡上，山间小盆地众多。乔木、灌木等薪炭林混交带面积亦大，漆树及杜仲、大黄等中药材分布广泛。一片片新辟茶园和飞机播种的马尾松林初具规模。

汉阴县地处凤凰山中段龙脉，凤凰山最高峰铁瓦殿就在汉阴县境。汉阴县址原在汉江南岸，水南为阴，故名汉阴县。现在，汉阴县址早已搬迁到了汉江北岸，凤凰山的北麓，汉阴县仍未改其名。位于凤凰山南坡的汉阴县漩涡镇有万亩凤堰油菜花梯田景观，层层升高，片片金黄，青山环绕，风光迷人，是农耕文明的宝贵遗产与亮丽名片。以此为基础，汉阴县连年举办了"中国汉阴油菜花旅游节"，广交朋友，招商引资，影响逐年扩大。漩涡镇往东30千米的紫阳县蒿坪镇，则有近几年陕西煤炭集团投资数亿元的真硒水企业，引进德国技术，引导龙泉出山，引领高端饮品，真硒问世，水品上乘，无疑又是现代生活的品牌象征。

中国有许多凤凰山。安康市的凤凰山名气不算大，却有三个特色。其一，由于秦岭作为中国南北分水岭的地理形象，安康凤凰山自然具备了南北兼融、阴阳和合的道山蕴含。凤凰者，一雌一雄，本源就显阴阳之道、和合之理。安康凤凰山四处散发着阴阳之道的浓郁气息。如果说区内紫阳县和汉阴县的命名是阴阳之道在其行政层面的人文领悟，那么汉阴县的万亩古堰油菜花和紫阳县的现代真硒水产品就是阴阳之道在造化层面的天然理趣。金黄的油菜花属于外阳内阴，晶莹的真硒水属于外阴内阳；阴中有阳，阳中有阴，分布若棋，格局奇妙，该是安康凤凰山阴阳之道的自然言说。其二，凤凰山东南端的紫阳县，是全国唯一用道人命名的县。北宋张伯端，字平叔，号紫阳，是道教南派创始人。紫阳县南有他修炼成道的紫阳洞和紫阳滩，现在修建了气势壮观的修真观和紫阳阁。其三，暂且抛开安康凤凰山的文化蕴含，其主峰2128米高的巍峨气势，在自然高度上就把其他凤凰山甩远了。另外，安康凤凰山地处北纬32°，与埃及金字塔、巴比伦空中花园、玛雅文明……系出同一纬度，其以丰富的矿藏为人所知，更以富硒名扬天下。

1974年，国家地质勘探队在安康凤凰山脉探测到大量含硒矿和珍贵的天然富硒泉水。1999年，经权威检测认定，安康真硒水属于富含硒等微量元素的珍稀天然矿泉水。它是微量元素的富集与含水介质及地下水渗流过程中的溶滤作用形成的，是特有地质环境的特有产物。矿泉水赋存于寒武－奥陶系洞河群组黑色炭质板岩与硅质板岩裂隙中。降水沿含硒岩层在向下游和深部运移过程中，不断溶解岩石中的硒、锶元素，形成了天然富硒矿

泉水。此水源 7000 年方能成真硒水。在全球严重缺硒的情况下，其显得弥足珍贵。硒能够极大地改善人体免疫力，对糖尿病、白血病、肝病等有特别的预防和治疗作用。"1921 年，英国学者弗莱明提出一个疑问：人眼终日睁着，却为何不受细菌感染？他将培养好的细菌滴到眼泪上，细菌很快死亡。人体除眼睛外，其他任何部位都可能患癌。原因就是：人的眼睛含有丰富的硒！硒被誉为微量元素中的抗癌之王。"硒取自希腊语"Selene"，音译"塞勒涅"，即月亮女神——生命的保护神之意。

陕西煤业化工集团投资兴建的真硒水源地七宝山，为凤凰山东南端余脉。七宝山的意思，当地老百姓说是山内有"金、银、铜、铁、锡、硒、磺"七种矿藏。《紫阳县志》记载的内容是"三峰连耸，山顶有寨。其石多绿色，俗称绿豆石。有洞四"。朱砂洞、银朱洞和黄石洞三者皆无水，唯黑龙洞有水。七宝山的取名看来源于道教的"三洞四辅"，诚所谓"云笈七签"也。"黑龙洞有水"云云，出于老子的"知白守黑"和道教的"黑水为基"。"黑水"也叫"真水"，是修炼养生的"玄基"，自然包括了初为人知的"硒水"。七宝山前梁上，有一个道教的显月观。孙悟空的水帘洞就叫作斜月三星洞。"水帘洞"者，比喻也，道教之"真水"，现在之"硒水"也。"斜月"者，生命本体也；"三星"者，人的"精、气、神"也。《高上玉皇心印妙经》

写道："上药三品，神与气精。"科学营养范畴的"硒"，既关涉道家的"三宝"，属于"上品"之"精"，并且会向"气"和"神"转化。一些专家学者把硒称为"道法元素"，有其深刻道理。硒在空气中发出的蓝色火焰，让人想起道家的"炉火纯青"和佛教的"三昧真火"。硒藏于真水，发出真火，达命通性，凤飞龙潜，实乃阴阳之道的宇宙精灵！

　　唐代谭峭的名著叫作《化书》。作为由"硒"转化而来的"气"，它是老子的紫气东来和张伯端的紫阳境相。作为转化之神，硒就是《诗经·卷阿》的凤凰，就是嫦娥奔月的神话，是秦娥夫妇的仙境箫声。"凤凰秋秋，其翼若干，有声若箫。"安康凤凰山之硒，给我们的精神启迪是丰富深沉的。秦娥夫妇的箫声，天籁美妙，华夏正声，不就是从秦岭传出去的吗？安康凤凰山，秦巴拥抱，风兼南北，韵通东西，凤凰秋秋，也许就是中国凤凰山的正山！

终南之南　首阳之阳

　　晋潘岳所撰《关中记》中"终南山一名中南"就是站在关中的角度说秦岭中段，昔三秦分封以此为终，虽然秦人此前占领了蜀中，但是秦岭横绝的情况并不因疆域而改变其整体属性。秦汉以长安一带为帝都，再到大唐，关中强势的文化和经济浸染使得景观意识只在秦岭北麓。但是秦岭不是只有北麓，并不只是南山，翻过山脊，莽莽无际的秦岭更见她的广阔胸怀。

　　站在高高的太乙山与首阳山顶，西望太白，一山引领万千；东顾是山岭迭起，草链岭、华山、蟒岭、流岭、新开岭等等；南望是目不暇接的绿色海洋，展开秦岭大山的阳坡，它的多彩无穷无尽，如曼妙的百褶裙，如娑婆的拂柳，在舞动的山水之间演绎的是自然的奥义华章。

　　秦岭这一古老褶皱山地，4亿年前开始隆起，在吕梁运动、加里东运动、燕山运动、喜马拉雅运动的作用下，上上下下挤压摧折，岩浆奔涌，变质风化，缓慢形成了北陡南缓的地形地貌，并在北坡形成一条深陷的断裂带，形成南山幽幽奇峰竞秀的终南类风貌，在此之后的7千万年前，又经受第

◎奇峰竞秀

四纪冰川运动的侵蚀，留下冰斗角峰、刃脊、槽谷及冰斗湖等遗迹，使秦岭更为峭拔多姿。南北宽 200 千米的秦岭条带以它庞大、宽厚的胸怀，容纳千山万水、千沟万壑，从南到北重峦叠嶂，从东到西波澜起伏，成为阻隔南北的天然屏障，成为一条重要的自然地理分界线，将我国划分为南北不同的两大区域，并且自身成为卓尔不群的巨大山脉。

特殊的地理位置和复杂的气候特征使之成为研究亚太大陆气候和地理分区的重要依据；秦岭第四纪古冰川地貌是连接中国东部古冰川和西部现代冰川的纽带；秦岭生物多样性是研究生物起源和发展演替规律的天然基因库；秦岭动物是研究世界古北界和东洋界动物区系的结合部。

以研究哺乳动物来说，欧洲、非洲北部 (北回归线以北) 和亚洲喜马拉雅山和秦岭以北是一个广大的区域，被称作古北区。北美墨西哥北部以北称为新北区。这两个区现在彼此分离，但它们有许多共同点，在历史上它们是有着密切联系的，所以两区又合称为全北区。现代本区以鼹鼠类、鼠兔类、河狸类、林跳鼠类等动物为特征，追溯到新生代早、中期的历史则有许多绝灭的动物类群，如有蹄类中的许多类群为它们所共有。

在古北区的南面，现在生物上还分有两个区：一个在非洲北回归线以南，称为热带区或称埃塞俄比亚区；一个在亚洲喜马拉雅山和秦岭以南，称为东方区。这两区之间现在有陆地相接，但被沙漠和高山形成陆障。它们都与古北区相连接，现在形成的一些生物特征与新生代晚期古北区动物的迁移和绝灭有着密切的联系。虽然热带区有河马、长颈鹿、狮子和土豚等特有的动物，但它的许多动物却与东方区是相似的，如象、犀牛及一些反刍动物等。

秦岭在动物学上的古老神性让我们对它的意义又多了说不清的维次认识，天下生命的分合都在它这里，沧海桑田驱使着动物和其他生命，能动的生命从这原点周围走向远方或者寻根而回，筋脉相连。

终南山南侧的牛背梁自然保护区保护的秦岭羚牛就是古老的珍贵生命，保护区地跨宁陕、柞水、长安三县交界处，确实如一头坚毅倔强的牛挺起的脊梁，以坚强的金石之躯护佑着血肉之躯的羚牛。

羚牛英文名"Takin"，属偶蹄目、牛科，为我国一类大型珍贵动物，仅产于亚洲大陆的印度、尼泊尔、不丹、缅甸及中国，在我国的分布仅限于陕西、四川、甘肃、云南、西藏，实际上是沿秦岭、岷山、邛崃山、凉山、高黎贡山、喜马拉雅山高海拔的山区地带分布，与大熊猫、金丝猴一道被称为我国高山林型三大珍贵动物。

羚牛起源于亚洲北大陆，其化石发现在山西榆社、河北泥河湾的上新世及河南安阳殷墟全新世的地层中，是少数古动物之一。羚牛的形态介于牛、羊之间，在分类上与北美麝牛单独或统一于特殊的种群内。我国是这种珍贵动物资源的最大拥有国，它的四个亚种（秦岭亚种、四川亚种、指名亚种、不丹亚种）皆产于我国，特别是秦岭亚种和四川亚种是我国的特有亚种，在国际自然与自然资源保护联盟公布的红皮书上被列为珍贵级。

秦岭是羚牛秦岭亚种模式产地，牛背梁为中心区域，是羚牛较为集中的栖息地，主要活动范围在海拔 2200～2800 米的针阔混交林和针叶林中，并有季节性的迁徙活动。为什么羚牛可以存活至今，看看它的生存环境，我们就能明白一二：有如此荒蛮的山地、如此高海拔及如此陡峻的秦岭，

才可以坚持到今天。

多年来，由于人类活动的干扰，如盗伐、盗猎、采集、割竹等违法行为的发生以及周边地区和国有林场的经营性采伐，致使羚牛栖息地遭到破坏，极大地威胁着保护区内羚牛的生息繁衍。

"高山徜徉，远古遗老，悠然幸被人儿保，生境起端倪，牛下终南闹，村舍人家扰。"时下常常见诸报端的羚牛冲撞乡人、窜越农舍，牛性野性十足的现象引起了科研工作者的兴趣。

秦岭是一座天然植物宝库，生物种类丰富，而这个宝库的最大库藏就在终南山南，这里人迹罕至，飞尘难入，像梦幻一般的奇景全呈现在人们眼前。这里更多地保持着原始的自然状态，随着海拔高度变化和气候的差异，森林植被和动植物资源明显变化。从亚热带到寒温带的动植物群成为动植物学者不可或缺的大辞典，它绿色的花海又像一床床美丽的花毯。花草千姿百态，树木老态龙钟，使人仿佛回到盘古开天地、混沌初开的时代，犹如生命的初生；也恍若步入光怪陆离、神奇绝妙的洞天府地，顿觉有飘

©高山徜徉

飘然超凡脱俗之感。大自然无与伦比的天然美会使人产生真正的对自然的超震撼的心灵感应，在这崇高的完美与博大浩渺面前，只有无言的同化和静默，与宁静的大山同样的宁静。

仅仅牛背梁自然保护区就有种子植物 105 科 433 属，其中木本植物 153 属，草本植物 280 属。已发现中国特有属 12 个，特有植物种 459 种，秦岭特有种 55 种。从本区各属的地理成分来看，与亚洲和北美洲的联系较欧洲甚至大洋洲和非洲更为密切，而温带成分是牛背梁自然保护区植物区系的主要成分，具有较强的过渡性，北坡以华北植物区系成分为主，南坡多含华中植物区系成分，高山地带还表现出唐古拉植物区系和横断山脉植物区系的特点，为多种植物区系成分的交汇地带。在各地理成分中，以温带成分最为突出，温带在该地区的植物区系和植被中起着主导作用。

牛背梁自然保护区有珍稀濒危植物 11 种，其中一类保护植物 1 种，二类保护植物 3 种，三类保护植物 7 种。保护植物在保护区内呈零散分布，其中，太白红杉、星叶草和羽叶丁香在陕西省发现了新分布点。

牛背梁是终南山南侧的一只古老存活的大写羚牛，是终南山山后默默

◎金丝猴

◎羚牛

◎荷花

◎山涧瀑布

◎牛背梁山门

的久远。它背负着万千生灵，自然自在，生生灭灭，和秦岭中许多不知姓名的山梁一样坚毅地挺起秦岭的脊梁，在万山丛中耕耘、跋涉。在这里，在自然阳光下的温暖里，多少生命在编织着生存之梦，抑或举步维艰，抑或如鱼得水，这里人烟稀少，却存留了纯正的自然，阳光不只是为人类而照耀，终南之南、首阳之阳的和煦就送给了人类朋友。在这里，一些貌似与人类很不相关的不切近的自然变化与自然维系，都会在远方显示因缘。在这里，大山中的一草一木都关乎着山外的一呼一吸，一花一树也传送着芬芳。留给大家深刻印象的蛮然冲下山的羚牛，我们又明白多少曲折与端详？或许我们看见的只是牛脾气。回望终南山，未免慨叹万千，人与万物行走的自然之路何其漫漫！

　　终南捷径在何方，远山深处石径长。曲折入云鸟飞绝，喻道羚牛演沧桑。

天

宝物华

秦岭自然地理概览

第四部分

TIANBAOWUHUA

骊山旺土　蓝田玉照

云横秦岭探微

　　壮哉，"云横秦岭"；美哉，"云横秦岭"！秦岭多云，这有它自然的原因。地理上，秦岭是南北方水系与气候的分水岭。北方干冷气流与南方暖湿气流在此交汇，自会雾生云绕，气象万千。冬季秦岭，彤云密布，雪峰巍巍，广虚寒宫，"千山鸟飞绝，万径人踪灭"。夏季雨时，天低云暗，林木墨翠，万枝淅沥，无限缱绻。夏日放晴，白云缭绕，遮峰藏岭，好一派巧云俊山！好一派云海蓝天！秦岭主梁横卧在万山丛中，早晨山谷里山岚弥漫，云层尽染，雾气从谷底缓缓升起后，阳光从云隙间投射下来，晦明变化扑朔迷离。雨过雾日，站在秦岭梁上，升起的山岚与云雾若离若合，真是酣畅淋漓，恍若仙境。秦岭西段，太白之南，常年眺望都有一片云海。置身于巍峨的高峰之巅，思光阴之荏苒，叹百代之过客，席地眺望，云自胸生。云山秦岭，群峰罗列，次第远去。飞鸟振翅于群山之上，走兽出没于草莽之中，鱼龙嬉戏于碧潭之内，昆虫匍匐于枯叶之下，大自然以它绵长而巨大的力量演绎着物竞天择的规则。看这山峦如海，苍茫云天，不禁

叹道:《易经》所谓"天行健,君子以自强不息。地势坤,君子以厚德载物",可能就是观秦岭云山而获得了灵感与妙理吧。

"云横秦岭"首先是一种高山气象。气象为大气之象,"大气圈中存在着各种物理过程,如辐射过程、增温冷却过程、蒸发凝结过程等。这些过程形成风、云、雨、雪、雾等千变万化的物理现象,称气象"。大气的探究直接将"天"与"地""天人关系"敞露出来。大气太"大"了!上穷碧落,下抵陆沉,东海之东,南极之南,无出其圈。平面广度上,它围裹着整个地球,是地球的晶莹外衣。从垂直高度言,它通往太阳、月亮与遥远星空,在某种程度上成为"宇宙""外空间"的代名词。与人类生命关系最密切的大气层为"对流层",指的是从地面到离地面 8 千米 ~ 18 千米高度的大气空间。大气对流层有两个特征:其一,气温随高度的升高而降低:平均每上升 100 米,气温下降 0.65℃。"高处不胜寒""太白六月飞雪天"的现象就体现了这个道理。其二,对流层集中了大气层中的全部水汽,云、雾、雨、露即水汽在对流层的视知呈象。"对流层"者,是说此层大气富于强烈的对流运动,"翻手为云,覆手为雨"即其运动变化的生动写照。云即水汽的一种凝态形式,水汽的另一种凝态形式为雾。本质上,云雾一家,都是水汽凝结的可见集合体。通俗讲,雾罩"地面",云飘"天空"。

云飘天空,高山入云,云横秦岭便是一种常见的高山气象。作为高山气象,可以是云横庐山,可以是云横喜马拉雅山,当然更可以是云横秦岭。而"云横秦岭"却有其特殊点:其一,秦岭作为 1000 ~ 3000 米的巨大山体概念,拥有云量最为集中的空间高度,其云量最大。其二,就人文地理而言,作为人类审美现象,庐山太低,喜马拉雅山太高。太低,"云横庐山"

©云横秦岭

即落入优美世界；太高，"云横喜马拉雅山"则成宗教信仰对象。其三，秦岭高居长安之南，久为京畿护法的历史文化背景，"思光阴之荏苒，叹百代之过客"——从"云横秦岭"到"云自胸生"就成了一种特殊的人文地理与审美象征。"天下之大阻"是司马迁在《史记》中对秦岭的著名定义。到了唐朝，韩愈在《左迁至蓝关示侄孙湘》中将司马迁中性描述的"天下之大阻"的秦岭变为了"好收吾骨瘴江边"的悲绝象征；秦岭作为昔日的家园护法，变为未来望乡的莫大阻障。"云横秦岭"与"魂断蓝桥"成为蓝田一带的秦岭最深刻的文化符号与象征。整日与"断层""华力西"打交道的地学学者们也被"云横秦岭"的巨大魅力笼罩了，地质高工和工程学者们不约而同地都以"云横秦岭"作为各自行文的题目。"云横秦岭"是秦岭的美丽天象，"魂断蓝桥"是南山的大地剧情。让人尤为瞠目的是，"云横秦岭"的历史舞台即"蓝桥古道"，"魂断蓝桥"的自然因缘即"云横秦岭"。

"天高云淡，望断南飞雁"是一种云，"黑云压城城欲摧"是一种云，"云横秦岭家何在"又是一种什么云呢？气象学从高度着眼，把云分成高云、中云、低云三个种类，高云以卷云为代表，"蓝蓝的天上白云飘"实际上就是卷云在飘，"天高云淡，望断南飞雁"应该也是高云。就秦岭看，太白云海为其典型，"黑云压城城欲摧"一定是低云吧，苍茫如夜，满山笼罩，秦岭天地，刹那消失。此云应该是低云中的积雨云，云底阴暗混乱，起伏明显，有时呈悬球状结构。积雨云是发展最为旺盛的积云，云顶高度可达 2 万米。"黑云压城城欲摧"是诗人笔下积雨云的生动写照。"云横秦岭家何在"可能是中云或者低云，如果是低云就应该是积云。积云的云底高度一般为 600 ～ 2000 米，积云的发展在一日内受地面温度变化的影响，上午先出现碎积云，以后发展为比较稳定的淡积云，云顶高度一般为2000 ～ 3000 米。发展旺盛的成为浓积云，云顶高度可达 6000 ～ 7000 米。再进一步发展就成为云体庞大、垂直发展强烈、远看像耸立的高山的积云，叫积雨云。

当然，也可能是低云中的层云，层云会落下小雪。紧跟"云横秦岭家何在"之后是"雪拥蓝关马不前"。然而，高层云也会降雪，连续或间歇性地降落雨雪。"只在此山中，云深不知处。""云横秦岭"究竟为何"云"？只有韩愈说得清楚。对于"云"，我们不知究竟，"云横秦岭"的发生地却写得分明——"雪拥蓝关"，是蓝关古道！

韩愈的"云横秦岭"的发生地为蓝关古道。蓝关古道东边有潼关道，西边有子午道，皆大名鼎鼎。与它们相比，蓝关古道多少显得有些含混、陌生与神秘，其实，蓝关古道也叫武关道。大致上，在关中平原更多叫作蓝关道，在陕南商洛更多叫作武关道。今天，以蓝武古道称谓这条从关中蓝田始，中途经丹凤县武关，越秦岭，穿群山，通往湖广南方的千里交通要道，是合适的。蓝武古道就是沿灞河从蓝田玉山口进山约 20 千米到灞河源，翻过秦岭山脊，穿越陕南商洛，通往长江水乡、东南湖广的古代交通要道。从灞河源这个地方入山的河谷甚为狭窄，绝壁突兀，天穹一线。几经峰回路转，两侧山崖依然左突右冲森然临空，但前行约 10 千米，则山谷开阔阡陌纵横，水流无声别有天地，似乎是蓝武古道上的行者"山重水复疑无路，柳暗花明又一村"的命运期盼与象征。惜哉秦岭！这天下之大阻。翻越之难，苦在蓝关。蓝关道就是唐朝发配京官南下的必经之路，乱世打劫，盛世遭贬，一路行去阅尽人间无数春秋。公元 820 年，唐宪宗在法门寺大开水陆法会，韩愈感到耗资巨大弹劾此事，惹恼了皇帝，当日被免去长安"市长"的职务并遭流放，时年 52 岁的他走在这复返无望的路上，人间冷暖甚是凄凉，号为"唐宋八大家"之首的韩愈不免发出"云横秦岭家何在，雪拥蓝关马不前"的喟叹。

© 秦岭瀑布云

今日的蓝武古道继 312 国道之后，已是西（安）南（京）铁路的一部分。蓝武古道的荒僻神秘，由于铁路的地质勘察而掀开其千年面纱的一角。

蓝武古道近陕段横跨 6 个地貌单元，即渭河盆地、秦岭中山区、丹江河谷区、丹凤至商南低山区、商南至河南内乡低山丘陵河谷区及河南省南阳盆地，沿线地层分布主要受构造控制。蓝田倒沟峪口至箭峪口一线以北为渭河断陷盆地，广泛出露第三系和第四系地层；曹家山至清峪庙一线至秦岭北麓山前，出露大范围的燕山期花岗岩岩体；蓝田九间房至景家沟一带，为张家坪台缘凸起，出露本区最古老的太古界太华群地层，岩石变质程度较深，岩性主要为片麻岩夹片岩；陕南商州至丹凤县为中、新生代山间盆地，广泛沉积白垩系第三系和第四系地层，岩性为砂质页岩夹砂岩；丹凤至河南内乡之间，出露古生界泥盆系浅变质岩系；河南内乡至南阳主要出露第三系和第四系地层。蓝武古道——东秦岭隧道位于陕西省蓝田、商州交界处，即韩愈当年"雪拥蓝关马不前"的地方，是全线重点工程，全长 12.27 千米，通过两个大断层。在全长 1149 千米的西（安）南（京）铁路初测中，秦岭地区因其地形困难、地质复杂而成了全线的"卡脖子"工程。"节彼南山，惟石岩岩"，蓝武古道——西（安）南（京）铁路线的秦岭山区尤其是石的世界。有的石头经风吹雨淋像朽了的树干斜扎在地面上，有的石头光滑无比横卧在水中，有的石头在悬崖之上突兀而出，好像随时都可能掉下来。孟贯在《过秦岭》中写道："古今传此岭，高下势峥嵘。安得青山路，化为平地行。苍苔留虎迹，碧树障溪声。欲过一回首，踟蹰无限情。"几度夕阳与沧桑，天堑变通途，前梦遂成真。蓝武古道终于呈现出一幅壮丽的现代交通蓝图，隧道、华灯、站台就是东秦岭商洛百姓的火车梦，是蓝武古道穿越历史走向现代，从"云横秦岭"通向一马平川的见证与象征。

山重水复秦岭幽

"山重水复疑无路,柳暗花明又一村。"千山林立、岭谷相间、山重水复、柳暗花明是秦岭地貌的基本特征,秦岭的中段主体部分在陕西境内,横亘于渭河与汉江谷地之间,东西长400千米～500千米,南北宽120千米～180千米。总的地貌特征是山坡陡、土薄石多、山岭与河谷盆地相间,平均海拔在1000米以上,有许多2500米以上甚至3000米以上的高山,但大部分属于中山。太白山为秦岭的最高峰,盛夏积雪不化,并保存有古冰川地貌。太白山以西的山分三重:北支为南岐山、中支凤岭、南支紫柏山,海拔均在2000米以上。太白山以南的山岭分九叠,自南而北依次为马道岭、牛岭、兴隆岭、财神岭、秦岭梁、父子岭、卡峰梁、老君岭、青杠岭,东秦岭在商洛地区境内则是华山、蟒岭、流岭、鹃岭、新开岭,五岭如五指并伸的仙掌状。

◎冬日秦岭

就垂直高度而言，苍茫的秦岭可划分为"三重"：海拔高度在2800米至3800米为高山，以太白山（3767.2米）为代表；海拔高度在1500米至2800米为中山，以终南山（2604米）为代表；海拔高度在500米到1500米为低山，以骊山（1302米）为代表。秦岭有名的高山除太白山之外，有太白县的秦岭梁（2822米）和秦岭东梁（2965米）、周（至）佛（坪）交界的光头山（2838米）、宝鸡市境内的玉皇山（2819米）、长安沣峪源头的麦秸磊（2880米）与西（安）（安）康铁路穿越而过的牛背梁（2802.1米）。秦岭有名的中山除终南山外，毫无疑问首推华山。除终南山与华山外，秦岭南坡有名的中山有凤县与留坝县之间的紫柏山（2538米）、汉阴县的凤凰山（2128米）、旬阳县之北的南羊山（2358米）、新开岭大天竺山（2074米）、蟒岭（1744米）、商洛秦王山（2087米）等，北麓有名的中山有宝鸡鸡峰山（2001米）、清水河上源的人头山（2333米）与冻山（2584米），天台山国家森林公园的南缘分水岭（2483米）、西老君岭（2557米），楼观台国家森林公园区的四方台（2631米），耿峪上源的首阳山（2720米），户县涝峪黑山岔（2085米），太平峪的万花山（1867米），高冠峪东坡的紫金岩（2145米），沣峪九鼎万华山（1986米）、凤凰嘴（2646米），太乙峪和太兴山之间的佛手掌（2221米），蓝田云台山（2104米），蓝（田）柞（水）之间的文公岭（1686米）和王顺山（2324米），渭南境内的二郎山（2324米）、箭峪岭（2449米）、石鼓山（1570米）、少华山（2483米）、老爷岭（2206米），华县与洛南县之间的草链岭（2646米）与荞麦山（1821米），潼关与洛南之间的太峪岭（1511米）和八道坬峰（2132米）。秦岭有名的低山除骊山外，从西到东有张良庙（留坝县）、定军山（勉县）、金丝峡（商南县）与柞水溶洞（秦岭南坡），宝鸡境内的长寿山、常羊山、磻溪钓台，周至县的楼观台，长安南五台，蓝田辋川与公王岭（秦岭北坡）。显而易见，秦岭低山的名望主要依赖于人文地理蕴含，如常羊山之于神农炎帝、楼观台之于老子道教、骊山之于秦始皇与唐玄宗；商南金丝峡与柞水溶洞依赖的是溶岩（喀斯特）地貌以及与高山颇为不同的地质构造。低山溶岩地貌的"基石"是灰岩，高山溶岩地貌的"基石"则是花岗岩，商南金丝峡与柞水溶洞在秦岭低山中出名依赖于溶岩地貌，扬名时限也非常靠后，如金丝峡的旅游开发只是当代才应运而出，后来居上。而秦岭北麓出名的低山中，无论是姜子牙的磻溪山，还是老子道教的楼观台，都有几千年的文明积累，特别是蓝田县公王岭，其知名源自我们百万年之前祖先的故乡！

与秦岭低山主要依赖人文地理蕴含不同，秦岭有名的高山则完全依赖自然地理资源，首先取决于其海拔高度。秦岭高山的地貌象征内容有三个：冰川遗迹、高山草甸与原始森林。这是太白山最为突出的表现与典型特征。

处于高山与低山之间者是秦岭中山带，其名分与重要性既取决于自然蕴含，也有赖于人文蕴含，华山与终南山就是最突出的例证。秦岭低山—中山—高山与人类文明的依赖性递减的趋向特征反映出人类能力的历史踪影。未来呢？几乎不言而喻：世界性地攀登珠穆朗玛峰与太白山的旅游热已经给出了答案，从爱护低山开始，向高山进发。

如果把秦岭（陕西境内）按照行政区域分为西秦岭（宝鸡）、中秦岭（西安）与东秦岭（渭南），那么我们可以看出：①西秦岭最高（太白山3767.2米），中秦岭居中（静峪脑3015米），东秦岭最低（少华山2483米）。②西秦岭与中秦岭有高山，是三重性的山势格局；东秦岭则没有高山，是两重性的中山与低山二元山势格局。东秦岭在海拔高度上的"山重"逊色（二重），在很大程度上，是由平面广度的"水复"补偿了。商洛处于东秦岭南麓，两山之间必有川，山重必水复。"河流密布，沟壑交织"是东秦岭商洛地貌的一个明显特点。从水系分布看，基本上是由洛河、丹江、金钱河、

© 苍茫山色

旬河及乾佑河五大水系所组成，它们很像手的五个指头，从秦岭主脊开始，分别向东、东南和南等方向穿流地区全境后最终注入黄河与长江。五大水系基本上以蟒岭为界，分属黄河及长江两大流域，属黄河流域的只有洛河一条，属长江水系的有丹江、金钱河、旬河及乾佑河，商洛地区基本属于长江流域。

洛河又名南洛河，发源于秦岭南坡的洛南县洛源乡，由西北以略偏南的方向经保安、白洛、尖角、官桥、柏峪寺、黄坪及灵口等地，于王岭乡兰草河口附近入河南芦氏县，在洛阳附近注入黄河。洛河干流全长449千米，流域面积13080平方千米，河床高差1639米。商洛地区境内洛河全长124千米，流域面积3073平方千米。洛河流淌在蟒岭之阴，蟒岭之阳为丹江水系。

丹江处于蟒岭之阳、流岭之阴，是南秦岭与汉江齐名的大河。与丹江一岭之隔，流淌在流岭之阳的是金钱河。金钱河上游称金井河，发源于柞水县丰北乡北河街以西的秦岭秦王山（秦王山是金钱河与丹江的分水岭）南麓。金钱河流向东南，经柞水、山阳两县于漫川关南的沙沟口入湖北省郧西县。在商洛地区境内长约152千米，流域面积4003平方千米。金钱河弯度很大，特别是在宽坪以下河段形成很多所谓龙脖子的曲流河谷地形。金钱河与旬河、乾佑河之间，从北往南有四方山、广洞山、玉皇顶等名山秀岭，地理名胜有柞水溶洞、凤凰古镇与寇准天书山。

旬河为东秦岭五大河最靠西缘的河流，发源于秦岭南坡的宁陕县沙沟河上游甘沟垴，经小川口进入镇安县，以西北—东南流向经崇家沟、柴坪，于乔风乡蚂蚁沟口入旬阳县，在两河关与乾佑河汇流后，向南注入汉江。旬河全长218千米，流域面积6308平方千米，在安康地区境内长78千米，流域面积2357平方千米，基本上属于上游河段。流域内坡陡，耕地零散，河流下切作用显著，无论干流或支流都呈典型的"V"形。乾佑河为旬河的一级支流，纵贯商洛地区西部的柞水、镇安，于旬阳两河关注入旬河。乾佑河全长150千米，柞水县境内60千米、镇安县境内70千米、旬阳县境内20千米。

由于地质构造和岩性的影响，主要河流在平面形态上表现出宽谷与峡谷交替出现的特点。宽谷段内山地完整，土层较厚，河床比降较小，沉积作用显著。峡谷段一般以石质河槽为主，河谷狭窄，谷坡陡峻，水流湍急。河流多弯曲段，这种现象主要是由于河流在地质史上曾有一个曲流极为发育的阶段，后来由于整个秦岭地区新构造运动的上升影响，河流迅速下切，曲流形态得以保存。面对"山重水复"的商洛地貌，让人想到《道德经》的升华哲言："上善若水""曲而不遗"。

东秦岭南部的"山重水复"，从东秦岭关中北麓看，是以蓝田、渭南交界的箭峪岭、倒沟峪、王顺山、蓝桥河为标志的地貌景观：①东秦岭即箭峪岭、倒沟峪以东的秦岭南北地区，"小秦岭"则指东秦岭的北部地区，以华山为名山象征。②"自小谷以西，南山分为二支，两山之间为平川，其间有塚子镇""南山之脉，自塚子镇西北行曰分水岭。又西北曰塚子岭，又西北曰牛思岭，又西北曰金山，又西北曰横岭，又西北曰骊山。此为南山之别干"（《南山谷口考》）。蓝田成为秦岭北麓绝无仅有的"三面环山"的盆地县：其南为秦岭主脉，有云台山；其北为骊山横岭，有大小"金山乡"；其东是箭峪岭，向东北朝向二华山系。蓝田是秦岭北麓"山重水复"的典型地区。③西秦岭太白山区有山叫"一脚踏三县"（太白、眉县、周至），中、东秦岭交界的箭峪岭可谓"一脚踏三区"（西安、渭南、商洛）。箭峪岭以西为中秦岭，有终南名山，为京畿皇土；箭峪岭之东为东秦岭，是"山重水复"典型地区。箭峪岭一线以北、面向关中平原的华山系被称为"小秦岭"，与箭峪岭一线以南的"大秦岭"（莽岭、流岭）相提并论。地质学家王战先生指出，终南山东段与其以西的差异在于山体一改西段和中段的东西走向（实为略呈西北—东南方向），而突然往东北方向延伸，同时也变得越来越宽，不再是较狭窄的条带状，直至北面以灞河上游的倒沟峪为界，越界再往东北则成为华山山块；其东面以流峪为界，再往东就是古人常说的"商山"了。"商山"恢复了秦岭的区域构造本性，横亘于陕西省的东南部，成为洛南县与商州区、丹凤县的天然分界，今人称之为"蟒岭"。蟒岭位于洛河之南，是长江与黄河的分水岭，是正宗的秦岭段落。而洛河从洛南县的洛源发源，先向东，入河南后又转向东北，到洛阳注入黄河，所以，洛河连同西安的灞河上游截取了秦岭向东北发展的一大部分，

©秦岭云天

这部分山地完全属于黄河流域，不是正宗的秦岭，地学界称其为"小秦岭"，华山山块是"小秦岭"的陕西部分。

造山带抽拉构造理论的提出者杨志华教授认为："秦岭是东西与南北并存的构造格局，只是在不同阶段起着不同的作用。"秦岭的"山重水复"与此"东西与南北并存的构造格局"密切有关。作为秦岭北麓"山重水复"的典型区域，蓝田、临潼可谓造化福地，这里是大陆性南北造山与古生代东西造山的"交汇点"：不以高山名，而以群岭胜；不以岩硬闻名，而以玉润著称。蓝田有玉山（王顺山），有大小"金乡"，临潼更是"秦风唐韵御温泉"。不知地貌上的"山重水复"与历史文明的迂回起源之间有无必然关系？是一种什么样的"天人"关系？这里是黄帝御龙腾空（鼎湖延寿宫）的地方，是中国文明发源的地方（蓝田猿人·公王岭），是秦皇汉武唐帝王风流千古的地方。自然与人文的交汇融通，在这里显得格外殊胜深沉。从中国传统思想文化的"五行学说"与《五岳镇形图》来看，这里属于"土"，属于朴实无华、万物本根的"土"，是"土旺四季"的地方。

类型	山名	河流	政区	其他
高山 （3000 米以上）	太白山 （拔仙台 3767.2）	黑河等	周至县、 太白县交界	中国大陆东部的 最高山脉
	太白梁（3523）	石头河、滈水河等	太白县	著名的 40 里 跑马梁
	鳌山（3475.9）	襃河、石头河	太白县	别名：西太白
	活人坪梁（3071）	滈水河、酉水河	太白县、 洋县交界	
	文公梁（3666）	西汤峪、红河谷	眉县、 周至县交界	别名：北太白
	冰晶顶（3015）	涝河	户县	西汉高速公路

类型	山名	河流	政区	其他
中山 2000～3000米	华山（2154.9）		华阴市	中国西岳
	终南山（2604）	滈河等	西安市长安区南	又名南山、太乙山
	天台山（2198）	清姜河、嘉陵江等	宝鸡市	汉中市的天台山高2037米
	玉皇山（2819）	褒河等	太白县、洋县交界	汉江源头
	四方台（2631）	就峪河	周至县	东、西楼观台
	牛背梁（2802.1）	石砭峪、乾佑河等	长安区、柞水县交界	终南山隧道，亚洲最长
	紫柏山（2538）	沮河	留坝县	张良庙
	首阳山（2720）		周至县、户县交界	伯夷、叔齐采薇的西山
	王顺山（2324）	灞河	蓝田县	又名玉山
	箭峪岭（2449）	沋河、洛河	渭南市秦岭梁	西安、渭南、商洛交界处
	光头山（2838）	黑河、金水河	周至县、佛坪县交界	大熊猫保护区。宁陕县光头山2679米，长安区光头山2887米
	天竺山（2074）	箭河	山阳县	原名：天柱山
	南羊山（2358）	旬河、蜀河	旬阳县	禹穴石窟、天然太极
	四方山（2341）	乾佑河	柞水县	西康铁路
	草链岭（2646）	洛河源头	华县、洛南县交界	世界"钼业之都"金堆城

类型	山名	河流	政区	其他
中山 2000～3000米	鹰嘴石（2602）	达仁河	镇安县	木王国家森林公园
	凤凰山（2128）	南为汉江、 北是月河	汉阴县	三山（秦岭、凤凰山、巴山）夹两川（汉江、月河）
	翠华山（2132）		长安区	山崩地貌、堰塞湖泊
低山 （1000～2000米）	骊山（1302）		临潼区	秦始皇陵、华清池温泉
	圭峰山（1500）		户县	草堂寺
	石鼓山（1570）	沈河	渭南临渭区、蓝田县交界	沈河源头
	金丝峡（1579）	武关河	商南县	峡谷群、商丹带
	汉王山（1701）		宁强县	磻冢山、汉江源
	老君山（1920）	老君河	洛南县	石门地质。周至县有东、西老君岭，华山有老君犁沟
	蟒岭（1744）	丹江、老君河	丹凤县、洛南县交界	武关河源、黄龙古庙
	流岭（1770）	丹江从蟒岭和流岭之间流淌	丹凤县、山阳县交界	龙驹寨，四皓墓
	小天竺山（1659）	金钱河、银花河	山阳县	另有大天竺山
	新开岭（1596）	丹江、滔河	商南县	北麓是金丝峡景区，南坡为新开岭景区

土旺四季

　　《圣经·创世纪》把"土"作为人类的本真缘起："你来源于土，还得归于土。"相比而言，中国古典则说得朴素平实："民之所生，衣与食也；衣食所生，土与水也。"作为"山"的秦岭，与"土"也有深缘。就秦岭的垂直海拔高度而言，其土壤分为四大带谱：其一，褐土，海拔1300米以下山地；其二，山地棕壤，海拔为1300～3100米区域；其三，亚高山草甸森林土，海拔为3000～3400米区域；其四，高山草甸土，海拔为3300～3767米的太白山高山区。从研究的简明方便性出发，我们不妨将上述秦岭垂直土壤的四个带谱划分如下：低山褐土（1300米以下），以褐土为主，以骊山（1302米）为名山代表；中山土（1300～3000米之间），以棕壤为主，以终南山（2604米）为名山代表；高山土，以草甸土为主，以太白山（3767.2米）为名山代表。低山（1300米）以下为丘陵、台塬地貌，再往下即平原农耕世界。低山位于平原农耕区与中山林业区之间，是典型的农林相间混合区；中山为林业区，中山下部（棕壤）为普通林区，上部（暗棕壤）为原始林区；高山草甸"土"，虽以"土"名，而"石"才是真正的"主人"，基本上与农业与林业无关，而是地质科研区。对秦岭而言，高山草甸土在很大程度上是西秦岭太白山的"专利品"，具有深远的科研价值，于人文则属于未来世界。中山土兼备自然（林业）与人文（旅游），为土壤与岩石的中介。如何"熊掌"与"鱼"二者兼得，是中山带开发主管部门的焦点课题。华山是秦岭中山名胜，旅游经济取得巨大效益的同时，许多名木渐萎乃至最终枯毙。终南山位处京畿，佛家名山，良辰美景，游人如织。垃圾乱扔，植被耗失，山体损坏，瞩目可观。当然，人类历史的脚印留下最浓重足迹处在低山与平原土壤，高山土因其高，以稀缺胜；低山土则凭其广，以辽阔胜。

©富饶的秦岭

　　土壤是地理环境的组成部分，处于岩石圈、大气圈、水圈和生物圈的交汇地带，是联结有机界和无机界的枢纽，是陆地生态系统的重要组成部分。土壤是地球陆地表面具有肥力的疏松表层，其具有的肥力特性使之能够作为植物生长的基地，提供和协调植物生长的水、肥、气、热的能力，即植物生长所需的光、热、水、肥、气五个基本条件中四个都与土壤有关。因此，如果说绿色植物是生产生命能源的工厂，那么土壤就是生产生命能源的基地。

　　土壤有大量的微生物，这些微生物依靠分解有机物质所提供的能量维持其生命活动，促使有机物质无机化，从而释放养分促进植物生长。因此，土壤微生物在完善物质循环上具有重要的作用。在城市工矿周围利用污灌处理污水中，土壤微生物可以分解污水中所含的有机物，对污水有明显的净化作用。由于土壤是一个多孔体系，其透水性与蓄积作用一起对于水体环境具有明显的过滤作用。城市郊区污水的土地处理系统主要利用土壤的蓄积与过滤作用和分解与净化作用来减轻水环境的压力。

◎雄浑的山韵

秦岭山区土壤在地理分布上具有明显的水平地带性和垂直地带性。在秦岭南麓的商洛地区，土壤分布自南向北随着纬度变化，气候由北亚热带向暖温带过渡，植被类型也随之发生变化，所发育的土壤也不相同，具有水平地带分布的规律。大致以西起镇安的东河经云镇—凤镇—两岔河至商南的富水连线为界，此线以北的土壤为褐土（板土），以南为黄褐土（黄泥土），构成这两个不同气候带的山地土壤垂直带的基带多分布在海拔800～850米以下的河谷坡塬。

　　商洛地区地势高差达2500余米，致使土壤由下而上呈垂直带状分布，但南北部的垂直分带规律有一定差异。褐土地带垂直分布的一般规律为：河谷是淤沙土，海拔1200米以下的坡塬低山丘陵为淋溶褐土（板土），随山势增高，中山、高山依次出现山地棕壤（山地石渣土）、山地灰棕壤（山地灰泡土），如秦王山的土壤垂直带谱。秦岭主脊、四方山、迷魂阵等山地都具有上述土壤垂直带结构，在牛背梁的顶部还分布有高山草甸土。黄褐土地带垂直分布的一般规律为：河谷为淤沙土，海拔800米左右的坡塬为黄褐土（山地灰泡土），但在蟒岭、鹘岭主脊，由于森林长期遭到破坏，次生的草灌繁茂，山地灰棕壤由山地草原土（气泡土）代替，仅在陡坡还残留有油松、白桦、栎类等梢林的地方分布着灰棕壤。

在秦岭北麓的西安地区，褐土主要分布在海拔1200米以下的秦岭低山、骊山及山前洪积扇顶部，平原阶地及黄土台塬也有零星分布，面积173.04平方千米。褐土是西安地区的主要土壤类型之一，是在夏季炎热湿润、冬季寒冷干燥的气候和落叶阔叶林植被下形成的地带性土壤。由于雨热同季，风化较快，生物活性强，增强了淋溶作用，有利于有机质的合成，也加速了有机残体的分解。有机残体不多，但总的来看，蒸发量略大于降水量的特征又限制了淋溶的过度进行，同时落叶阔叶林的富灰分特征使土壤盐基基本饱和，酸碱度由中性到微碱性。

温带森林的土壤以棕壤为主。西安地区棕壤土分布在秦岭北麓海拔1200～2400米的山地，是暖温带落叶阔叶林和针阔混交林下发育的土壤。明显的生物累积，淋溶和黏化使其形成有机质含量较高（5%）的表层，而阔叶林较高的灰分含量对腐殖酸的中和使土壤呈微酸性反应（pH值在6左右）；较强的淋溶作用在心土层形成明显的黏化层。

除褐土、棕壤之外，秦岭还有海拔3000米之上的高山草甸土。秦岭高山草甸土的主要研究价值，既与农业无涉，也与林业无关，而在于大自然的奥秘探索方面。

"土旺四季"是东汉魏伯阳在《周易参同契》中明确提出的一个概念。中国的历史文化对土旺四季的思想觉识甚早，《周易》八卦中，"坤""坎"两卦皆与"土"有关，特别是"坤"卦，其象即"地"："象曰：'地势坤'；象曰：'牝马地类，行地无疆……安贞之吉，应地无疆。'"《黄帝内经》第二章曰："春三月，此谓发陈，天地俱生……养生之道也；夏三月，此谓蕃秀，天地气交……养长之道也；秋三月，此谓容平，地气以明……养收之道也；冬三月，此谓闭藏，水冰地坼……养藏之道也。""脾者土也，治中央，常以四时长四藏。"后世在此基础上将"土旺四季"简明地概括为"春生，夏长，秋收，冬藏"。在现代地理学中，对"土旺四季"则有原理与地域或曰普遍性与特殊性两个观察角度。

就普遍性而言，人类居住的地球直接以"土"命名："地者，土也。"英语中，"Earth"兼指地球与土壤。美国影片《变形金刚》称："地球，不如叫作土球——土的星球啊！"佛教"地、水、火、风、空"五大中以"土"

为先，西方极乐世界也是以"净土"相称，与佛国"净土"对应的是我们人类生活的"尘世"——"土"的环境世界。作为中国著名的思想文化概念，五行说不仅有"土"，不单有"土"与其他"四行"（金、木、水、火）的相生相克，并且形成了以"土"为中心的"土旺四季"的思想观念。从某种角度可以说，现代土壤学只是古典土论的具体诠释而已，仅使"土论"从古典哲学走向了现代科学。

从特殊性来看，秦岭作为我国重要的地理分界线，当然也包括土壤分界之蕴含。概括来说，秦岭南坡为亚热带土壤，北麓为温带土壤。无论是南坡的江南秀色还是北麓的苍茫景象，也无论是太白山顶的绿色草甸还是骊山脚下的火红柿园，无不是秦岭"土旺四季"的自然言说。我们之所以在"骊山—蓝田"节论述秦岭的"土旺四季"，从根本性上讲，也只有一条——这里是秦岭山麓土壤的特殊一隅，是特殊的"旺土"！其一，秦岭在蓝田倒沟峪、箭峪岭一带由东西向严重北折，形成蓝田四面环山的盆地地貌和临潼骊山的月牙地势。蓝田的盆地地貌，在秦岭北麓绝无仅有。这里含玉藏金，有玉山（王顺山）和金乡，黄帝鼎湖延寿宫在此，著名的蓝田猿人发祥地在此。其二，秦岭北麓一般为关中平原和山地两大地貌，一些地区（如长安、周至）分布着黄土台塬；临潼和蓝田兼跨平原、山地与台塬，又分布着秦岭北麓其他地方较为罕见的黄土丘陵，其地貌为典型的平面性四重格局。从垂直性划分秦岭山地土壤带也为四重性的：落叶阔叶林带、针阔

◎生息的土地

混交林带、针叶林带与高山草甸带，从临潼、蓝田地貌平面性的四重土壤到秦岭山地垂直向的四重地带，令人不禁感叹，这里真是"土旺四季"！

其三，"聚宝盆"是中国地理文化思想中的一个重要概念。就秦岭北麓而言，太白山黑河的周至出口为一典型"聚宝盆"地形，被命名为"金盆"——芒水之贵，实至名归，日进斗金，更是西安用水的母亲河！临潼、蓝田也是秦岭北麓的"聚宝盆"地形。

"聚宝盆"地形是中国古典理想环境的通俗形象与美学概括。俞孔坚在《中国人的理想环境模式及其生态史观》中分析为三点：一是边缘地带性，所谓"山前水后""依山傍水"。二是闭合尺度化，"自然环境是无限的，而人的运动速度和强度及环境的识别能力都是有限的，人的正常活动都只能在一个有限的范围内进行。因此，一个满意的生态环境必须是一个有明确边界的、尺度适宜的生活空间；山间盆地、谷地或大平原之角隅都是较佳的选择。原始人居住的直接生境一般并不在大山上，当然也不在空旷的平原上，而是在临近大山而又相对独立的小山丘上，高度和面积都有限"。蓝田公王岭正如此。三是豁口走廊通道的存在。临潼"依山傍水"，八口通气，其中一口即名豁口，诚风水宝地。

"聚宝盆"地形成为"旺土"或"土旺"的缘由直观地看有两个：一是阳光、水分、风等诸多形成土壤的因素在空间上与密度上都较大。这已有"蓝田日暖玉生烟"（李商隐的《锦瑟》），有"骊山云树郁苍苍，历尽周秦与汉唐"（郭沫若），有"帘向玉峰藏夜月，砌因蓝水长秋苔"（温庭筠的《寄清源寺僧》）为证。二是形成土壤的诸要素在类似临潼、蓝田的"聚宝盆"地形不易散失，而易产生聚合反应。这也有"骊宫高处入青云，仙乐风飘处处闻"（白居易的《长恨歌》），有"玉气交晴虹，桂花留曙月"（钱起的《登玉山诸峰，偶至悟真寺》），有"春寒赐浴华清池，温泉水暖洗凝脂"为注。从地貌上看，骊山黄土丘陵不啻为翻了个儿的"聚宝盆"，被誉为"世界第八奇迹"的秦始皇陵就是一座人文的黄土丘陵。"腾蛇吐雾，终成土灰"，皇帝最后的权力与荣誉便是将自己归于"旺土"，归于骊山这种"土旺四季"的地方。

汉语文化语境中本无"土壤"这个词，而以"土"泛指一切自然土壤。

中国汉字里的"土"，实际上就反映了土壤在自然地理环境中的位置和作用。《说文解字》对"土"字的定义是"土者，地之吐生物者也"，并进一步解释说"'二'象地之下，地之中"，代表土壤的位置是在地面以下，处在大地的表层；"｜"则是"物出之形也"，表示土壤上是能够生长植物的，两者合起来就是"土"字。实际上，中国历史文化的"五行相生"学说中，包含有更为深刻的"土文化"与土壤学。

现代土壤学将土壤的形成和发育一般归于两个方面：一是风化作用与疏松层的形成；二是生物作用对于母质的改变。这实质是以"石"为基础与前提的土壤学，是发生学与派生论理念下的土壤学。在中国历史文化的"五行相生"学说中，"土"当然是一种相生物和派生物，是"金（这里为"石"）、木、水、火"的相生物和派生物。但这只是"戊土"，即相生土、派生物。在"戊土"之外尚有"己土"，"坎中有戊土，离中有己土""天五生土，地十成土"。《本草纲目》卷七写道："土者，五行之主，坤之体也。……是以《禹贡》辨九州之土色，《周官》辨十有二壤之土性。"明代伟大的博物学家与医药家李时珍明确告曰，土性"有二壤"。相对于"戊土"，天生的"己土"可以称作"本源土"和"先天土"。这就超出了以"石"为基础与前提的现代土壤学，而深入到地学中的"隐生宙""元古界"概念。"戊土"与"己土"相叠为"圭"（尺度、标准），具备双土者为"佳"。正是从这种综合性与超越境界着眼，先人在《周易参同契》中说："土旺四季，罗络始终，各居一方，戊己之功。"

◎土厚花香

石门汤峪华清宫

　　骊山北麓有临潼华清池，骊山南坡有蓝田汤峪温泉。从水文地质眼光看，华清池与蓝田汤峪皆属于现代地热概念。华清池者，无非是说温泉水质的高华清澈；蓝田汤峪又叫石门谷。用"华清石门"描述临潼华清池与蓝田汤峪的现代地热，缘由盖有三个：其一，著名电影《阿里巴巴》中有"芝麻开门"的情节故事，芝麻打开"石门"，意为大

自然的奥妙向人们敞开。"华清"既是水质呈现，也属自然奥秘。蓝田汤峪，古代即叫石门谷，近譬在兹，引用乐哉。其二，华清池在骊山之阴，汤峪温泉在骊山之阳，二者都属于以骊山断层构造为基础的地下热水，是整体相融通的水文地质现象。其三，华清池温泉水质的高华清澈与地质构造的地下深层"石门"有关，蓝田汤峪古称石门谷，地下温泉与地上石门为同一山水的环境世界。无论是地学眼光还是历史文化，"华清石门"作为一个水文地热的描述性术语，可以走进"阿里巴巴"之门吧。

我国的地热有火山作用型和非火山作用型两类。前者为高温，地热资源温度一般在100℃以上，主要分布在西藏、滇西及台湾；后者为中低温地热资源，分布范围很广，陕西的地热资源属非火山作用型。据地质工作者探查证明，在陕西关中有三个地下热水带存在：一为秦岭北坡地下热水带，主要沿山前大断裂带分布，东起蓝田东汤峪温泉，向西经长安子午镇、东大热水井，到户县草堂营热异常、阿姑泉热异常，向西经楼观台地热井、眉县西汤峪温泉一直到宝鸡县温水沟为止，长约200千米，东西汤峪为其代表。二是北山南缘温泉带，东起蒲城洛河袁家沟温泉，向西到富平县北止。

©华清宫

三是关中平原中央带，东起渭南，经华清池温泉、西安市区、咸阳，向西到宝鸡蔡家坡止，临潼华清池为关中平原中央带的温泉代表。

地质勘探研究证明，在地表以下 15 千米深度范围内，每入地下 33 米，温度就上升 1℃，这叫地热增温率。按此规律，只要向下打一"U"形 2000～2500 米的深井，如果遇到地下蓄层，就能得到 60～75℃的热水，深井热水就是这个道理。"沣峪口附近草堂寺的烟雾井，井中热气弥漫上空，形成烟雾，是著名的长安八景之一，素以'草堂烟雾'著称。""草堂烟雾"，其理得辨，其景得解。

草堂寺位于陕西户县东南，南望圭峰、东临沣水，帝京之南、秦岭之北，一代高僧鸠摩罗什创立，历史上曾是佛教入华的第一个国立译经场。关中八景之一的"草堂烟雾"在此，在西安碑林的关中八景石碑上，有清人朱集义的一首诗，生动描绘了这一奇景："烟雾空蒙叠嶂生，草堂龙象未分明。钟声缥缈云端出，跨鹤人来玉女迎。"关于"草堂烟雾"的形成原因有三种看法：民间派、科学派、仙道派，当地人的民间传说是古井的井壁有一块石头，每当一条蛇卧于石上，就有一股白气从井中冉冉升起，在寺庙上空缭绕盘旋。曹操的名诗云："腾蛇乘雾，终为土灰。"2014 年，一副对联写道：银蛇吐雾辞旧岁，金马长啸迎新春。"草堂烟雾"的民间派解释，既有文明内部的田野经验，还有历史文化背景，不可小觑。"草堂烟雾"的科学派解释就是现代地热学说。终南山沿线都属于地热带，地下打出过许多温泉。每年秋冬时节水汽上升形成薄雾，从西飘向东，仿佛都是从草堂寺溢出的，所以名为"草堂烟雾"。陕西省水文队等部门勘测，草堂寺近处有明显的地热异常，从临潼到眉县西汤峪的秦岭山前地带存在一个地热带，开发前景广阔。每年秋冬的早晨，天气寒冷，空气潮湿，井内喷出的热气一时不易散失，和空中的水汽凝聚为一体，就生成"草堂烟雾"这一罕见景象。现在许多人都认为：井内地热是草堂烟雾的真正原因。"草堂烟雾"形成原因的第三种看法是仙道派，持天人合一的感应解释学立场。草堂寺曾是国立译经场，烟火鼎盛，香雾缭绕，飘于上空。在我国古代，像鸠摩罗什这样的高僧，其实也是地理环境的高手。鸠摩罗什选择草堂寺，表明这里确实是风水宝地。"草堂烟雾"不过是风水宝地的一种现象而已。

不排除现代地热因素，更要考虑"天人合一"的感应背景。关于"草堂烟雾"的实际情形，草堂寺僧人告诉记者说："我从来没见过草堂烟雾，但我相信草堂烟雾一定存在过，但只有唐代有过。因为那时有著名的'开元盛世'，天时地利人和，而草堂寺又是风水宝地，在盛世必然会发生一些异象，所以草堂寺会有烟雾源源不断飘向京城。"

地热资源包括地下热水、地下蒸气和热岩层三种，地下热水按温度分为低温热水（20～40℃）、中温热水（40～60℃）、高温热水（60～100℃）和过热水（>100℃）四类，关中地热水温一般为25～60℃，涌水量多为每小时10～30吨。形成地下热水资源必须具备四个条件：一是有充足的大降水补给；二是要有蓄水层，将水储存起来；三是要有岩浆热岩传导加热或重力压生热，或放射性元素蜕变产生热量，使地下水变成热水；四是要有很好的盖层，使水温不散失，就像睡觉盖被子那样。秦岭北坡地下热水带受山前断裂构造控制，一般而言，在两组断裂交汇处，水量最为丰富，温度升高的地下水便可以经过断裂通道涌出地表。

在地质构造上，骊山正是典型的断块山地貌。骊山北侧断裂西起临潼斜口镇，经临潼县城、渭南铁炉至崇凝南，长约40千米，其走向西段NEE，东段NWW，倾向N，倾角70～80度，张性断裂，断距较大。骊山断块在新生代以来，主要表现为断块本身的相对上升及其邻域的相对陷落。由于其边界断裂的力学性质、类型，断裂本身各部位的活动幅度和速率等均有差异，以致使断块的这种运动在形式上为掀斜运动，并且是由北西向南东方向的掀斜。"物探及钻探资料均有反映，临潼空疗热水井深720米，仍为新生界松散层，宴寨陈家窑井深338～550米见有构造岩，代王周赵村井深177～315米见有构造岩和擦痕。属活动断裂，卫星影像显示清楚，东段多被覆盖，向东可能接华山中金堆城—巡检司断裂，西端被骊山NE向斜落断裂截断，相对南移。沿断裂带有地热异常显示及温泉出露，华清池温泉呈EW向排列，水温41.7℃，最高可达44.0℃，晚近期有活动。"（王兴）

骊山脚下的华清池，楼阁迂回，树木掩映；昔之皇家御境，今之"5A"览区。华清池内有温泉，水温43℃，矿质成分众多，宜于沐浴疗养。1949

年以后按华清宫的规模进行扩建，现有汤池、水榭、亭台、石舫等，垂柳依依，碧波荡漾，园林景观极为优美。华清池水实至名归，永远给人高华清莹的自然美记忆。"春寒赐浴华清池，温泉水滑洗凝脂。"华清池南依骊山，在西安东约30千米的临潼骊山脚下北麓，北临渭水，优越的地理位置、旖旎的山水风光使其备受历代帝王垂青，古时已是长安附近的旅游胜地，自周幽王修建骊宫至唐代几经营建，先后有"骊山汤""离宫""温泉宫"，李隆基诏令环山列宫殿，宫周筑罗城，赐名"华清宫"，亦名"华清池"。

华清池温泉共有四处泉源。现有的圆形水池，半径约1米，水清见底，蒸汽徐升，脚下暗道潺潺有声，温泉出水量每小时达112吨，水无色透明，水温常年稳定在43℃左右。四处水源中，其中的一处发现于西周，即公元前11世纪～前771年，另外三处则是新中国成立后开发的，总流量每小时为100多吨，水温43℃，水内含多种矿物质和有机物质，有石灰、碳酸钠、二氧化硅、三氧化二铝、氧化钠、硫黄、硫酸钠等多种矿物质。

蓝田汤峪温泉位于西安市东南秦岭北麓蓝田县城西南20千米处，距西安市40千米，因和西部山麓眉县的汤峪温泉东西相对，故称东汤峪温泉。东汤峪温泉的发现利用，据传始于唐初，唐玄宗时大兴土木，建成玉女、融雪、莲珠、澈玉、濯缨五池，并赐名"大兴汤院"，以后历代修建。直到清朝初年，这里仍然修建有4座汤池。每年从四乡八镇赶来的洗浴者人山人海，摩肩接踵，故有"桃花之水值千金"之说。东汤峪温泉水含有钾、镁、铁、钙、碘等多种元素，出水口水温为50℃左右，有促进人体组织代谢和杀菌的作用。与华清池的唐皇御境相比，汤峪——无论蓝田东汤峪还是眉县西汤峪，也无论是汤峪的现名还是石门的古称，都显出大地平民气息。然而，无论是华清池的开发还是华清宫的修筑，哪一个都少不了普通人的汗水踪影！就此而言，"华清石门"除了其水文地质蕴含外，又是一个甚佳的历史记忆与人文事实。无论地质构造、地理位置还是文化气息，骊山相隔的临潼华清池和蓝田汤峪都是秦岭陕西地热水的卓越代表。

蓝田日暖玉生烟

　　王维的《山中与裴秀才迪书》曰："北涉玄灞，清月映郭。夜登华子冈，辋水沦涟，与月上下。"蓝田历史悠久，山川秀丽，自唐宋以来就是钟灵毓秀、闻名遐迩的风景胜地，有"终南之秀钟蓝田"之称。自然风光之优美，人文景观之丰富，文明源头之深沉，让人叹为观止。著名的遗址有距今100多万年的蓝田猿人遗址、传说中的黄帝鼎湖延寿宫遗址、秦始皇巡历的蓝关古道遗址。另外，有唐代诗人王维的"辋川别墅"与辋川溶洞，有明代的壁塑瑰宝水陆庵与温泉汤峪，有省级森林公园王顺山与蔡文姬纪念馆，均以其独特的风貌吸引着中外游人。

　　蓝田东南为秦岭高山，北接骊山绣岭，灞河横穿全境，形成南山北岭中河川的整体地貌。

　　秦岭和灞河赐予了蓝田十分丰富的农业资源。蓝田秦岭山区包括灞源、蓝桥、辋川等 8 个山区乡镇及终南、清峪、葛玉 3 个国有林场和厚镇等 10 个沿山乡镇，这里气候温和，山势低缓，川塬相间，土壤肥沃，物产丰富。但是，由于多方面的原因，全县 400 多平方千米耕地，有近 300 平方千米的耕地为中低产田，这些田块亩产不足 300 公斤，若通过改造达到全县平均水平，粮食总产量可增加 7.5 万吨。因此，蓝田县结合实际，确定了"以中低产田改造为主攻方向，以改善农业生产条件和生态环境为重点"，实施山、水、林、田、路、渠综合治理，2009 年以来，在项目区投入土地治理资金 794 万元，共新打和修复配套机井 34 眼，铺设地埋管道 48 千米、地埋线路 15 千米，新建半固定移动式喷灌 0.27 平方千米，新增有效灌溉面积 3.8 平方千米，改善灌溉面积 4.7 平方千米，完善配套乡镇林业服务站设备 20 多套，营造农田防护林 0.87 平方千米，建设改造苗圃 0.07 平方千米，育苗 20 多万株，新修高标准机耕路 16 千米，实施平衡施肥 4 平方

◎蓝峪农家

千米，推广良种繁育 2.7 平方千米。开展技术培训 2000 余人次，建设高效农业技术示范园 0.7 平方千米。林区抚育管护，逐渐走上科学轨道，有计划地进行清林、抚育、间伐，恢复林相，提升景观。

蓝田森林旅游有一定特点，东部和南部的秦岭山地峰峦叠翠，山、水、洞、林构成多处优美的自然景观。

从秦始皇以后，蓝关古道就是来往古都长安和中国东南各地的通衢要道，沿途留下许多名人逸事和民间传说。蓝关古道自春秋时代始，就是秦东南干道的重要部分。韩愈遭贬谪取道南下时曾借景叹息，留下名篇。现在这里修成公路，仍可见石壁上的层层穴窝。蓝田辋川与唐朝另一个著名诗人王维的名字连在一起，"地以人传"，辋川之于王维是生动的典型个案。《新唐书·王维传》载："别墅在辋川，地奇胜，有华子冈、欹湖、竹里馆、柳浪、茱萸、辛夷坞，与裴迪游其中，赋诗相酬为乐。"辋川在蓝田县城西南约 5 千米的峣山间，又名辋谷水，源出秦岭北麓，北流入灞河，因"其水沦涟如车辋"，故称辋川。著名的"辋川二十咏"即作于此。《白石滩》："清浅白石滩，绿蒲向堪把。家住水东西，浣纱明月下。"《北垞》："北垞湖水北，杂树映朱栏。逶迤南川水，明灭青林端。"《竹里馆》："独坐幽篁里，弹琴复长啸。深林人不知，明月来相照。"王维以诗入禅，辋川贵静，明月为主，这与李商隐的"蓝田日暖玉生烟"不同。"明月"最多能够做蓝田辋川的主题意象，整个蓝田的主题意象非"蓝田日暖玉生烟"莫属。蓝田有玉山啊！蓝田玉山又称王顺山。王顺山应该是一座名山，论自然地理，它含玉藏金，有华山之阳刚之美，又有黄山之妩媚娟秀。它地处陕西蓝田境内，素以"秦楚之要冲，三辅之屏障"而著称。论人文蕴含，它因中国古代二十四孝之一的王顺葬母而得名。孝子王顺至孝，为完成老母亲死后葬于山巅的遗愿，在山顶采石挖土不止，感动了神仙，神仙帮他完成了心愿，后来他在山中修炼得道升天，此山因而得名王顺山。王顺山还有一个故事，据说八仙中的韩湘子也在山中修炼过，固然难以考证，却非无稽。

终南山东段蓝田一带的地质地貌特点：一片巨大的 S 型花岗岩形成了一座壮丽的山体——玉山，主峰东岩高 2339 米。玉山被两条大的峪河及其若干支流切割，峰峦似花，秀丽绝伦，人称"小华山"。在 S 型花岗岩之中，常常夹有许多太古宙（或中元古代）地层，其中不乏碳酸盐岩，均已变质成大理岩，它们从走向上可以和小秦岭的中元古界（多碳酸盐岩）或新太古界太华群上部的大理岩层相连，不过在经过超深变质作用以及与地球下部硅质热液发生交互作用后，形成了"蛇纹石化大理岩"，即人们叫作"蓝田玉"的岩石。蓝田玉产于西安市东蓝田县玉川、红星乡一带，距县城约 35 千米，矿体赋存于太古代黑云母片岩、角闪片麻岩层理中，有三层矿体，呈东西向分布，长数百米，宽数米至数十米。玉石为黄色、米黄色、黄白色、苹果绿色的蛇纹石化大理岩，主要成分为方解石，次为叶蛇纹石及滑石等，

◎盛装

那些深浅不同的色调可以组合成不同的图案，直接作观赏石清供。从成分上讲，蓝田玉的主要成分为方解石，与普通之石无别，如同无坚不摧的金刚钻与无坚能摧的石墨成分皆为碳一样。差异在于地质的熔炼程度和造化奥秘，在于金石承受和经受的锻炼程度，所谓"性相近，习相远""石不炼，难成玉"吧。女娲炼石补天就发生在蓝田骊山一带，这又多么意味深长！

在距今 5000 多年的新石器时代，先人们已利用蓝田玉磨制石器，至少在秦汉时期，蓝田玉器就作为名品贵饰见于史料和文学作品。蓝田因玉而名，蓝田即玉的故乡。今日蓝田，岭叫玉山，河称玉川，蓝田山河皆蒙了浓厚的玉色。从《尚书禹贡》到《诗经》中的"玉种蓝田"，蓝田就是文明故乡。在诗的国度盛唐，以辋川为家的王维不必说，连现实主义的诗圣杜甫也几度入蓝田歌玉山。李商隐的名句"沧海月明珠有泪，蓝田日暖玉生烟"缠绵深沉，令人倾倒，时过境迁，索解生难。其中，人们的一个困惑是"玉"如何"生烟"呢？"玉"为何因"日暖"而"生烟"呢？作家熊召政在最近的《蓝田千载后，谁忆两闲人》文中写道："李商隐的《锦瑟》诗中的一联，'沧海月明珠有泪，蓝田日暖玉生烟'这 14 个字营造的意境，真个是奇妙无比。但匪夷所思的是，玉为何会生烟。后读白居易的'试玉要烧三日满，辨才须待七年期'这种句子，又似乎有些懂了。古人鉴定玉的真伪，是用烈火来烧，看它是否会被烧裂。但李商隐似乎并不拘泥于此，他是说太阳暖和了，玉就生烟了。玉晒太阳晒出烟来，这不仅奇特，更觉着美。"

陕西蓝田玉是中国开发最早的历史名玉之一，现今开采的陕西蓝田玉石矿产于中元古界宽坪岩岩群之大理岩带中，其成因为区域变质。据研

◎山绕金盆

究，未经任何处理的新蓝田玉原石含 SiO_2　23.86%、TiO_2　0.10%、Al_2O_3　0.55%、Cr_2O_3　0.0004%、Fe_2O_3　0.38%、FeO　0.55%、MnO　0.015%、MgO　19.34%、CaO　29.09%、Na_2O　0.085%、P_2O_5　0.02%、H_2O　5.04%，其矿物成分主要是方解石（50.75%）、叶蛇纹石（49.25%），玉石呈白、米黄、黄绿、苹果绿、绿白等色，显玻璃光泽、油脂光泽，微透明至半透明，呈块状、条带状、斑花状，质地致密细腻坚韧，硬度 3 ~ 4，密度约 2.7 克／立方厘米。

　　陕西历史博物馆珍藏的 125 件神木石峁龙山文化玉器中，就有一件是用蓝田玉制作的菜玉铲，铲呈草绿色，刃端夹有浅褐色，长梯形，体扁薄，刃微斜，圆穿偏于一边，长 16.8 厘米，宽 7.5 厘米，极薄锐，厚仅 0.2 厘米。甘肃天水市发现的战国大玉钺，有着蓝田玉特有之绿灰色和斑驳的明暗纹理。汉乐府《羽林郎》有"头上蓝田玉，耳后大秦珠"句，说明在汉代蓝田玉被大量制作成首饰。汉武帝茂陵出土过一件四神纹玉铺首，是汉代蓝田玉雕中最精美的一件，横宽 36.5 厘米，灰绿色，下有凸钮，四角略弧圆，分别碾琢其时流行的青龙、白虎、朱雀、玄武四神形象。形象庄严凝重，工艺制作精湛，线条刚柔相济，一派皇家气象。如此巨大的玉铺首为迄今所仅见，代表了汉代最高的攻玉水平。据文献记载，历史上赫赫有名的秦始皇玉玺即来自于蓝田，凄婉动人的美玉和氏璧和蓝田密切相关。《史记·廉颇蔺相如列传》记载，"赵惠文王时，得楚和氏璧"。秦始皇统一天下，和氏璧成为秦国的传国玉玺；刘邦得天下，它成为汉朝的传国玉玺；直到唐末五代，传国玉玺消失无载。这和蓝田玉是一种完美平行的盛衰命运：唐代以前，记载蓝田玉的古籍斑斑可考；宋元以来，怀疑蓝田玉的声音不绝如缕。长安失去国都地位是一个原因，更主要的是掌握传国玉玺的历朝帝王们早已经忘记了和氏璧的苦难经历和忠诚故事。要谈玉的宝贵价值，和氏璧具备永恒的启迪分量。《史记》记载了和氏璧在最高权力之手的传递故事，《韩非子》则描写了和氏对自己璧的信仰奉献。原文如下：

　　　楚卞和往荆山，见石中有璞玉，抱献楚历王。王使玉人相之，曰："石也。"王怪其诈，刖其左足。厉王卒，子武王立，和又献之。王使玉人相之，曰："石也。"王又怪其诈，刖其右足。武王卒，子文王立，和欲献之，恐王见害，乃抱其璞哭三日夜，泪尽继之以血。文王知之，使谓之曰："天下刖者多，子独泣之悲，何也？"和曰："吾非泣足也，宝玉而名之曰石，贞士而名之曰诈，是以泣也。"王取璞，命玉人琢之，果得美玉，厚赏而归。世传和氏璧，以为至宝。

楚历王时代，蓝田南山属于楚国，蓝田县和商洛一带的秦岭有许多以楚山命名，"楚卞和"生息于蓝田秦岭完全有可能。《水经注·渭水》写道："《禹贡》北条荆山在南山下，有荆渠，即夏后铸九鼎处也。"现代考古发现，黄帝铸九鼎就在蓝田山下——"南条荆山"。同时，《水经注·渭水》还记载了秦始皇28年"沉璧于江"，临终之前"返璧于华阴平舒道"。白鹿原至今有著名的景区荆峪沟；《禹贡》中的"导岍及岐，至于荆山""导嶓冢至于荆山"，一南一北呼应着秦岭蓝田山。《禹贡》和《山海经》大量记载，秦岭南北是玉石的主产区。《山海经》多次具体指出，秦岭"出苍玉，水玉"。蓝田是秦岭山系的玉石名胜产区，蓝田是华夏民族最早的著名栖息地，蓝田山又叫玉山和王顺山，蓝田是《庄子》中"侯生抱柱而死"的发生地，是忠的典范。和氏璧的主人——卞和呢？先被砍去双脚，哭成泪人，"泪尽继之以血"。"宝玉而名之曰石，贞士而名之曰诈"，卞和哭的是是非的歪曲、价值的颠倒和信仰的危机！血泪的代价使和氏璧成为宝玉的代名词，巨大的忠贞让天下美玉成为中国的历史传奇。相反，拥有和氏璧的秦始皇不是暴病而亡吗？明十三陵的短命皇帝们不也是美玉满屋吗？《史记·楚世家》写道："楚王问鼎小大轻重，对曰：'在德不在鼎。'"这是两千年前的智者之言！"在物之前玩转，于心之上徘徊"；玉的品级诚然与物有关，也取决于人文的精神积淀和人道的思想高下。宋元以来，学者专家离开历史文明的巨大变迁，离开人道世界对玉的根本造就，来讨论蓝田玉的高下真假，方法论首先就错了，蓝田玉的道理和真相不可能向他们开放。按照蓝田民间传说，官匪只能采到未长成的蓝色次等玉，无法得到真正的蓝田玉。

同样，远离险峻高山、脱离艰苦民间的儒士学者也无法懂得蓝田玉的道理和真相。

唐代韦应物在《采玉行》中写道："官府征白丁，言采蓝溪玉。绝岭夜无家，深榛雨中宿。独妇饷粮还，哀哀舍南哭。" 在《咏玉》中写道："乾坤有精物，至宝无文章。雕琢为世器，真性一朝伤。"

李贺在《老夫采玉歌》中写道："采玉采玉须水碧，琢作步摇徒好色。老夫饥寒龙为愁，蓝溪水气无清白。夜雨岗头食蓁子，杜鹃口血老夫泪。蓝溪之水厌生人，身死千年恨溪水。斜山柏风雨如啸，泉脚挂绳青袅袅。村寒白屋念娇婴，古台石磴悬肠草。"

李商隐的《玉山》诗写道："玉山高与阆风齐，玉水清流不贮泥。何处更求回日驭，此中兼有上天梯。珠容百斛龙休睡，桐拂千寻凤要栖。闻道神仙有才子，赤箫吹罢好相携。"

白居易在《游悟真寺》中写道："东崖饶怪石，积甃苍琅玕。温润发于外，其间韫瑛璠。卞和死已久，良玉多弃捐。或时泄光彩，夜与星月连。中顶最高峰，拄天青玉竿。""昔闻王氏子，羽化升上玄。其西晒药台，犹对芝术田。"

盛唐之后，作为"乾坤的精物""无文的至宝"的蓝田玉被宋元明清文人怀疑、被今天藏家学人轻视，几乎不可避免。宋元明清玉文化的主流趣味已经无法与盛唐的精神气质同日而语了，宋元明清玉文化的主流趣味正是韦应物提前批判的"雕琢为世器，真性一朝伤"，蓝田玉应该是"真性数朝伤"了。唐代是如何描述蓝田玉的"真性"呢？其一，如同和氏璧一样，蓝田玉是从异常艰苦、非常危险的深山环境获得的，"绝岭夜无家，深榛雨中宿""斜山柏风雨如啸，泉脚挂绳青袅袅"。其二，采玉的艰苦和危险充满了哭泪、悲伤、仇恨和绝望，"独妇饷粮还，哀哀舍南哭""夜雨岗头食蓁子，杜鹃口血老夫泪。蓝溪之水厌生人，身死千年恨溪水"。其三，上等品级的宝玉是淡蓝色的水碧玉，不是今人把玩的白色玉，"采玉采玉须水碧""东崖饶怪石，积甃苍琅玕。……中顶最高峰，拄天青玉竿"。其四，李贺用"杜鹃口血老夫泪"间接地把蓝田玉跟和氏璧联系起来；白居易用"卞和死已久，良玉多弃捐"直接把两者相提并论。其五，蓝田玉体现了宝玉的最高功能和神奇境界："何处更求回日驭，此中兼有上天梯""或时泄光彩，夜与星月连。中顶最高峰，拄天青玉竿"。就色调看，蓝田宝玉是水碧色；就功能看，蓝田玉既可以制作成消费性的饰品（"琢作步摇徒好色"），也是人们超越性的登天灵器（"此中兼有上天梯"）。登天选择水碧色的蓝田玉是有历史和文化根源的，《周礼·春官·大宗伯》明确指出："以苍璧礼天。"玉璧的颜色为天蓝色，是礼天的玉器品种，这是正统儒家的玉礼规定。中国道家的玉文化更是源远流长，非常精彩，仅我们现在常用的普通词语就有"炉火纯青"，西王母"三青鸟"和"苌弘碧血"等。"苌弘碧血"的主人正是李商隐的《锦瑟》中"望帝春心托杜鹃"的望帝。唐代之后，人们渐渐不认识蓝田玉了，也渐渐不懂得何为美玉和宝玉了。只有少数深入民间、根扎大地的知识者还保留了《周礼·春官·大宗伯》"以苍璧礼天"的历史文化记忆——曹雪芹给自己的《红楼梦》中最美的女子起名为"林黛玉"，金庸的武侠作品四处闪烁着"碧血剑"，可谓"玉种蓝田"的隔代知音和时代美谈。而真正的蓝田玉，在民间一直有不绝如缕的口碑传说：天上的太白金星下凡人间，给正直勤劳的贫苦后生——卞和的一个子裔托梦，说"晴天日出入南山，轻烟飘处藏玉颜"。

其实，"日暖玉生烟"是一种自然现象，与"辨才"之火无关。蓝田地处温带，兼之山绕盆地，夏季六七月，月平均日照在 200 多小时，平均气温在 25℃左右，日照玉石，炽热烫人，手不能近。因之，夏季晴日，日暖时分，面对巍峨秦岭中的任何一座玉山甚或石山，人们都可能会看到此"烟"：那是玉山的高温效应，是玉山对太阳光的反射衍生场，如雾似烟，青山烘衬，更显清晰。浪漫些说，那是玉之"魂"，或曰玉"魂"的显化。白居易去过蓝田多次，写过二十几首玉山诗，诗人的《游悟真寺》长一百三十韵，其中吟曰："六楹排玉镜，四座敷金钿。黑夜自光明，不待灯烛燃。"白居易把悟真寺内的月明玉照写得生动细腻。李商隐笔下的蓝田日暖，玉自生烟，同样是"不待灯烛燃"吧。人类有关玉的问题，一定还有许多。诗圣杜甫也有《去矣行》诗为证："未识囊中餐玉法，明朝且入蓝田山。"我们关乎玉的问题可能与杜甫不同，然而，如果我们想解决任何一个玉的问题，出路却只能是诗圣所点明的："且入蓝田山！"

秦岭倒淌河

　　"八水绕长安"是陕西关中的历史文化名胜，灞河既荣列其间，又是"八水"中唯一有文化出典的秦岭北麓之河。北魏郦道元在《水经注·渭水》中写道："又东过霸陵县北，霸水从县西北注之。霸者，水上地名也，古曰滋水矣。秦穆公霸世，更名滋水为霸水，以显霸功。水出蓝田县蓝田谷。"

　　灞河发源于蓝田县灞源乡的秦岭山谷，流经西安市蓝田县、灞桥区、未央区，在灞桥区兴北村一带汇入渭河，全长大约 100 千米，是渭河在秦岭北坡的最大支流。灞河的最大支流是辋峪河，辋峪河的长度，测量尺度

◎夕阳余晖

有异，且差别较大：《蓝田县河流概况》的数据是 30 千米，《秦岭水文地理》的数据是 58 千米。另外，《西安市地理志》、史念海先生的《河山集》、刘胤汉先生的《秦岭水文地理》都将浐河归为灞河支流，认为"霸水最大的支流是浐水"。倒是《蓝田县河流概况》认为："辋河……是灞河水系最大的支流。"这涉及的是灞河与浐河的关系理解与河流母支的概念问题。本书倾向认为：灞河与浐河的关系是兄弟河流，而非母支河流。著名的"八水绕长安"是"浐""灞"并举，实际情形亦然。基于此，灞河水系的最大支流应该是辋河，而不宜再说成浐河。"浐""灞"并称，合流入渭，为兄弟河而非母支河，此点应该泾渭分明。

蓝田县灞源乡的倒沟峪是灞河正源。灞河在蓝田九间房至玉山镇之间，先后接纳从海拔 2190 米的将军帽北侧流来的清峪河、由海拔 1965 米的秦岭主脊——凤凰山流来的流峪河和峒峪河，水势大涨，始称为灞河。灞河是一条典型的不对称水系：它的左岸支流少而长，大部分集中在蓝田县城以南的上游，主要有辋峪河和清河，大致作东北—西南流向；它的右岸支流众多而短小，均集中在蓝田县城以西，源出骊山的西南侧，流向呈东北—西南向。灞河干流因受地质构造的控制，在华山断块向南倾斜的古老剥蚀面上，流到灞源，遇到南边的断块，向南转折，再转向西北，以先成河穿

灞河倒影

过华山断块西端的峡谷，然后流到蓝田盆地，在这里接受了由骊山断块向南流的几个支流，形成复式钓钩状水系，最后切开白鹿原，沿着塬边流入渭河。

（1）上游段。指峪口以上的山区段，流域面积为1474平方千米，河谷两岸主要由前寒武纪变质岩系及后期花岗岩侵入体组成，岩相变化极为复杂，对灞河河谷的发育影响很明显。在花岗岩侵入体区，岩性比较坚硬，上升的新构造运动强烈，峰峦陡峻，河谷狭窄，水流湍急，如王爬岭一带，河谷仅有5～7米宽，属于典型的隘谷河段，可耕地极少。而在南石门一带坡度较为平缓，河谷稍宽阔，河床比降较小，以灞源镇附近的北川、东川及会流后的河段最为明显，河谷宽约500～700米，沿河两侧有三级基座阶地，阶地上土状堆积物较厚，是山区的主要农业生产基地之一。

（2）中、下游段。指峪口外的川塬区段，河谷宽阔，塬的底部为第三纪灰绿色砂岩、淡黄色砂及砂质黏土，上部覆盖着黄土，其间以保存完整的剥蚀面相隔。塬面北仰南俯，地势起伏很小，一般较为平坦而开阔（刘胤汉）。

灞河沿河谷地有冲积性平原，包括河漫滩和第一、第二级阶地，组成物质均为第四纪后期的冲积物，河谷平原因受新构造运动不等量的掀升，形成了河谷不对称的特征，阶地多分布于河流的右岸。灞河河谷平原地势坦荡，灌溉便利，是重要的农业区。

辋峪河是灞河的最大支流，发源于蓝田县葛牌镇、秦岭主脊北侧，上游有东采峪和西采峪，均作东南—南北流向，于玉川乡两河桥相汇合，始称辋峪河。辋峪河在西采峪河口以上高差787米，河长28千米；西采峪至辋峪口高差291米，河长24千米，比降为12‰；辋峪口至灞河高差27米，河长7千米。辋峪河于蓝田蓝关镇流入灞河，辋峪河即辋川之河，唐诗之河，唐代诗人王维的心灵之河。王维的《又别辋川》唱曰："依迟动车马，惆怅出松萝。忍别青山去，其如绿水何。"辋峪河还是"忍别青山"，汇入灞河，一如王维的《辋川二十咏》归于整体的唐诗世界。唐代大诗人李白的《忆秦娥·箫声咽》这样描述灞河："箫声咽，秦娥梦断秦楼月。秦楼月，年年柳色，灞陵伤别。乐游原上清秋节，咸阳古道音尘绝。音尘绝，

◎灞河两岸

西风残照，汉家陵阙。""灞柳风雪"为关中八景之一，李白的《忆秦娥·箫声咽》为不朽的辉煌象征，李白与灞河的合唱完成了盛唐的最强音。由于秦岭的滋水有了秦朝的灞河，有了汉家的灞陵，有了唐诗的灞柳，有了永恒的灞桥——联通了东西，联通了秦岭灞水与人类世界。

《类编长安志·灞河》写道："出商山、秦岭，北出倒回沟。"倒回沟即倒沟河，也叫倒沟峪。倒沟峪全长近 40 千米，主河道平均比降 23‰，总落差 780 米，流域面积 220 平方千米，为灞河的主源流。倒沟峪上游有面积达 40 平方千米的凹地，据考证为古老的冰窖，它向西敞开，显示当年冰流由此通过溢出，并在向西移动的过程中形成串珠盆地。倒沟峪绕经王爬岭时，通过坚硬的花岗岩地带，由于新构造上升运动极为强烈，峰峦陡峻，形成深切曲流的"V"形河谷，河谷最窄处仅为五米左右，属典型的隘谷河段。倒沟峪上溯至灞源镇前，分北川和东川两条支流，北川绕灞源镇向东北延伸，东川绕灞源镇向东南伸展。作为灞水正源的倒沟峪，峰峦耸峙，溪水淙淙，基本是西北流向。西高东低是中国及秦岭陕西的地理大势，中国的河流大体皆朝东流。秦岭北麓、渭河南岸水系亦然，唯灞河受东秦岭北折抬升的制约，以至为罕见的水文个性，冲破大山的阻隔，洋洋洒洒向西流去。生长于灞源山水的作家陈忠实在一首《青玉案》中写道："涌出石门归无路，偏向西，倒着走……"这个"石门"就是倒沟峪。西汉末年，王莽追杀刘秀，刘秀逃至峪前，见前有大山阻隔，后有重兵追杀，急中生智，命大家将鞋倒穿着藏入峪中。王莽追至峪口见脚印朝外，又见巨岩壁立，难以藏身，便调师转回，此峪遂留名为"倒回峪"，也叫"万军回"。其实，倒沟峪之"倒"来自灞源的地质构造和地貌特征。其一，蓝田是东秦岭的西界，中部秦岭的正东西走向在此近 70 度向北偏折。发源于箭峪岭南坡的倒沟峪起始即向南流，与秦岭北麓 72 峪的流向完全相反（"倒"）。其二，同是向南流，一岭之隔的陕南洛河至洛源镇即向东流去，蓝田倒沟峪至灞源乡，由于秦岭主脊的东阻，只能西去，这与陕西乃至中国的地理大势完全相反（"倒"）。其三，倒沟峪流出秦岭南岭在九间房乡注入灞河，受骊山北岭的抬升影响，只能沿蓝田谷地朝西南流去，这与秦岭北麓 72 峪众多的东北流向完全相反（"倒"）。

◎灞河冬景

民谚曰："天下黄河九十九道弯。"这句谚语集中体现了黄河的曲流"倒淌性"，黄河东流去是大势，九十九道弯是其"倒淌性"。具体到一些河流，由于完全或者基本"倒淌"就成了倒淌河，比如青海的倒淌河，青海湖倒淌河发源于日月山西麓的察汗草原，海拔约3300米，全长约40千米，自东向西流入青海湖的仔湖——耳海(俗称小湖)，故名倒淌河，藏语称"柔莫涌"，意思是令人羡慕喜爱的地方。青海湖的倒淌河蜿蜒曲折，河水清澈。据研究，倒淌河曾经是一条东流的河，地壳变动引起日月山隆起，它才折头向西注入青海湖，成为一条著名的倒淌河。青海倒淌河之所以闻名，也与历史上的美丽传说有关。日月山以东，汉族民间关于倒淌河的解释是：唐太宗李世民为了沟通藏汉两族的关系，促进文化交流，将年轻美貌的文成公主嫁给吐蕃松赞干布。文成公主在赴西藏途中，到达日月山时，回首不见长安，西望一片苍凉，念家乡，思父母，悲恸不止，挥泪西行，公主的泪便汇成了这条倒淌的河。其实，文成公主的家乡长安也有倒淌河——终南山哺育的灞河。灞河上源叫作倒沟峪，曲流倒淌了40多千米；流出倒沟峪口，受骊山阻挡，灞河沿着蓝田川道朝西南方向流淌 20 多千米；然后切开白鹿原，朝西北经过西安灞桥区流 40 多千米汇入渭河。在一定程度上，灞河就是秦岭的倒淌河。灞桥别柳、灞柳飞雪既是唐代国都的京郊名典，也是关中八景的千古绝唱，更是离情别绪的审美创造。文成公主赴藏之前，游览长安灞河，体会灞桥别柳和灞柳飞雪所洋溢着的离情别绪，非常可能、非常自然。蓝田倒沟峪恰巧是秦岭倒淌河——灞河的上源，不难想象，文成公主的眼泪不仅流在了青海湖的倒淌河，也流在了秦岭的倒淌河。文成公主的美丽和眼泪给灞桥别柳、灞柳飞雪注入了无限真切的历史分量，给秦岭倒淌河注入了丰富深沉的审美想象。

　　刘胤汉先生的《秦岭水文地理》是研究秦岭河流的专著。该书概括了秦岭北麓河流的四大特征，"多钓钩型水系"为其一。所谓"钓钩型水系"，通俗地讲，即河流的曲流和倒淌特征。"多钓钩型水系"乃是秦岭多倒淌河的学理表述。秦岭多倒淌河源于秦岭多级的断块构造地理，秦岭河流在上源流域呈现"倒淌"的非常多：南坡山阳县的金钱河、丹凤县的武关河，北坡长安区的石砭峪河、华阴市的罗敷河；太白山南麓的褒河和湑水河，太白山北麓的斜峪河（石头河）和黑河。秦岭河流在中下游（流出峪口）呈现"倒淌"现象就不多了，南麓的旬河与北麓的灞河是典型代表。秦岭南麓的旬河全长 218 千米，流域面积 6308 平方千米，发源于宁陕县和长安县交界的秦岭垭南侧，流经宁陕县、镇安县和旬阳县三个县域，在旬阳县城东南角汇入汉江。秦岭南麓的旬河在入汉江之前，不仅呈现明显的"倒淌性"，并且在旬阳县城一带形成闻名遐迩的太极图案。汉江和旬河在旬阳县城交汇，由于亿万年来旬河河床不断下切侵蚀、沉淀堆积，使河床形成"S"型图案绕城而过，组成一幅天然太极图案。阴鱼岛和阳鱼岛首尾相逐，对称互抱，惟妙惟肖，最为奇特的是，阴、阳鱼眼位置分别生长着一棵千年古柏，历经千年依然枝繁叶茂，大自然的鬼斧神工造就了神秘、神奇的天然太极城。清朝乾隆年间的诗句这样描述："满城灯火列星案，一曲旬水绕太极。"中华民国时期，蒋介石、于右任、杨虎城等署名的墓联分别写道："灵山刻就天书字，旬水绘成太极图""万卷天书悬灵案，一轴太极挂夜台""怀抱一座金城，腰缠两条玉带"。其中的"旬水绘成太极图"

和"一轴太极挂夜台"两块墓碑于 2003 年在旬河小河北河滩上被发现，现两块墓碑收藏于旬阳县博物馆。旬阳天然太极城是目前国内和世界罕见的自然奇观，与旬河的曲流"倒淌"密切相关。

　　灞河为渭河秦岭北麓第一大河，与倒沟峪之"倒"有关；灞柳风雪作为关中美景，与倒沟峪之"倒"有关；黄帝的鼎湖延寿宫及我们祖先——蓝田猿人选择这里作为文明与历史的发祥地可能与倒沟峪之"倒"也有关。"上善若水"，水性至顺。秦岭倒沟峪之"倒"，青海倒淌河之"倒"，完全是地理构造的大势之变使然。地势之变使水相呈"倒"：青海湖为中国第一大湖，与倒淌河的倒淌注入直接有关；秦灞河作为历史勋业的河神象征，与倒沟峪的倒沟源头干系也大。面对作为灞水源头的倒沟峪之"倒"，除了让人体味光武帝刘秀"万军回"的刀光剑影与文成公主的美丽倩影，也让我们想起老子《道德经》的深沉哲影："反者，道之动。"

骊山晚照

　　骊山以形似青苍之马而得名。三皇传位旧居，女娲补天之地。古丽戎来居，初名丽山。有唐一朝，共得三名：曰会昌山，曰昭应山，曰骊山。前两名源自寓意寄托与人文心情，后者得自山貌形象与自然地望。数名之间，骊山终成正名，沿用至今，自然形胜的影响力量由此可窥一斑。

　　骊山为秦岭支脉，位于西安市临潼区境内。骊山东西绵亘 25 千米，南北宽约 14 千米，最高海拔 1302 米。骊山位于终南山中秦岭的东缘，为华山东（小）秦岭的西界。秦岭在骊山一带严重分化北折，骊山即秦岭分化北折的余脉，作为秦岭在临潼地区分化北折的余脉，骊山西边是辽阔的关中平原，可以充分观睹黄昏地平线，这是骊山晚照作为关中八景的地望特征与保障。骊山属于渭河地堑中次一级构造，是第三纪末期喜马拉雅运动三期掀起上升的断块低山，主要由花岗岩、片麻岩、石英岩等构成，地势北翘南俯，四周断层发育，沟谷深切陡狭，沟壑密度较高，分水岭一般为

©骊山晚照

◎兵谏亭

浑圆平顶状。年平均气温 10.1℃，年均降水量 635 毫米，干燥度 1.1，无霜期 188 天。山区降水相对丰富，但储水条件差，降水多以泉水露头流入河流，同时造成轻度或中度的水土流失，侵蚀模数达每年 6208 吨／平方千米。骊山主要分布各类人工植被，常见乔木有刺槐、侧柏、油松、臭椿、杨柳等，还有各种野生药材、花卉，在一些沟谷中分布竹林（淡竹），野生动物主要有狗獾、狐、草兔及各种常见鸟类。

骊山自然植被为暖温带落叶阔叶林，目前以人工林为主，有水土保持林 35 平方千米，风景林近 3 平方千米，还有一些经济林，平均森林覆盖率约 20%，但西部可达 46%。其中风景林由侧柏、刺槐、油松、华山松、雪松、石榴、柿子、桃和种类繁多的灌木花卉组成；水土保持林主要由油松、华山松、侧柏、刺槐、杨柳、香椿、国槐等组成，骊山森林公园就建在骊山的中上部林区。骊山西部的灞桥区洪庆山一带有大面积的侧柏林和刺槐林，还有小片分布的果树林、油松林和竹林等。侧柏林是最主要的景观林，单株胸径 6～10 厘米，高 3～5 米，林相整齐，郁郁葱葱，主要分布在阴坡和半阴坡；刺槐林生长旺盛，分布较广，蔽荫性较好，尤其在春季花开时节，花白如雪，清香袭人，是主要景观林之一。在黑虎岭一带，刺槐林单株胸径 10～15 厘米，高约 10 米，成景性好（马乃喜等）；果树林主要有桃林、杏林、核桃林、柿林、板栗林等，不仅可以提供丰富的干鲜果品，而且春天桃杏花开，秋天柿树果叶皆红，均可点缀时令。

骊山风景名胜区东至戏河，西抵灞桥，南至蓝田，北抵渭河。临潼区有"文物甲天下"的美誉，大部分重要古迹分布在骊山景区，从距今6000多年的新石器时代的姜寨遗址到现代的西安事变旧址，其历史遗存可以说与中华民族同龄，其价值从兵马俑和铜车马可见一斑。

以秦始皇陵和兵马俑博物馆为主体构成了西安市的秦城旅游区。秦始皇陵位于骊山镇东5千米，陵园分内外两城，内城周长2千米，外城周长3千米，以水银为"江河大海"；陵墓近似方形，顶部平坦，墓冢现存的封土堆占地约0.12平方千米，高47.6米，远望巍巍然似一座小山。秦始皇陵再向东约1.5千米，陪葬墓有数以千计与真人真马一般大小的陶兵马俑，神态各异，栩栩如生，组成气势磅礴的地下军团，被誉为"世界第八大奇迹"和"20世纪最伟大的考古发现"。在秦始皇陵西侧还出土了两组大型铜车马，装备齐全，工艺精湛，与兵马俑交相辉映，反映出2000多年前的社会基本面貌和深层内容，成为世界考古奇迹之一。

骊山镇南的华清池及骊山的东、西绣岭为唐代华清宫遗址；"五间厅"所在地为唐华清宫玉女殿遗址，清时康熙西巡、慈禧避难，曾两度修缮。1936年"西安事变"时，蒋介石就住在此处，当年室内陈设、壁上弹洞今仍保存。五间厅后面有围墙，出去就是西绣岭，蒋介石在事变发生时曾藏匿于半山坡，后被搜山部队发现。1946年，中华民国政府在蒋介石藏身的地方建"正气亭"，1949年以后改名"捉蒋亭"，现已更名为"兵谏亭"。此外，还有"七月七日长生殿"（白居易

◎晚照亭

的《长恨歌》)的遗址以及周幽王烽火戏诸侯的典故。

西秦岭太白山主要为褶皱系造山，东秦岭华山主要是断陷造山。骊山处于东秦岭西缘，亦属于断陷造山区域。耸立于关中平原的骊山，其周边为断裂围限，骊山西侧断裂展布于临潼、长安一带，向西南在沣峪口附近伸入秦岭，向东北接渭河南岸断裂。骊山北侧断裂是骊山山地与渭河平原的地质分界线，其西起华清池，经老虎沟、庞家村到玉川水岸，并继续往东伸延。新生代以来，断裂主要表现为南盘（下）上升，北盘（上）下降，形成醒目的三角断面。钻孔显示，断裂以垂直运动为主，断距在千米以上。在骊山北侧山前地带发育有串珠状上叠式冲洪积扇，反映该断裂第四纪以来仍有强烈活动（谢振乾）。"骊山晚照"之"晚"不限于地球自转一日的"早晚"，而有着地质构造新近晚起的全新蕴含。其一，东秦岭严重北折，华山巍峨于东方，因而可有华山日出。骊山西边为开阔的渭河平原，骊山晚照应缘天成。其二，就人文地理蕴含讲，无论是周幽王的"烽火戏诸侯"，还是唐玄宗的"华清赐贵妃"，皆以倾城美感始而以倾国悲剧终，骊山晚照甚为相宜。"夕阳无限好，只是近黄昏"不只是李商隐的个人心情，也是国事的诗境写照。其三，骊山晚照最直观的含义是黄昏日落时分的骊山景色，"晚照"的主体当然是地平线上深情欲隐的落日。今日50岁以上人们的童年，都还拥有云霞满天的落日记忆。骊山由于抬升高度，成全了落日最后时分的辉煌壮观，这不同于纯粹田野平原；落日把最后的霞光投射在逶迤起伏、人文厚重的骊山，似乎是人天的最后顾盼，这有别于太白诸云海高山。乾隆年间的《临潼县志》亦称："骊山崇峻不如太华，绵亘不如终南，幽异不如太白，奇险不如龙门，然而三皇传为旧居，娲圣纪其出治，周秦汉唐以来，代多游幸。离宫别馆，既入遗编。绣岭温汤，皆成佳境。"

◎骊山

  朱集义称"入暮晴霞红一片，尚疑烽火自西来"，骊山的文明胜缘正在于此。骊山乃人天对话的特殊站点，"晚照"呈现出一种深情的无限性境界，并以特有的时间性概念把家国"命运"置入了山河的自然美。骊山地质上的大断裂让人不禁联想到国家命运的大悲剧！地质断裂是温泉形成的基本前提，华清暖情与马嵬冷魂也正是人道价值的大断裂！烽火一笑与褒姒成虏也正是民族国家的大悲剧！国学中的"天人合一"在"骊山晚照"这一关中美景中委实清晰可辨、动人心魂。

  骊山向来有"绣岭"之称，以石瓮谷为中心，分别称东、西绣岭。东绣岭上有举火楼、石瓮寺、遇仙桥等景点，西绣岭以烽火台、长生殿、兵谏亭为名胜。东、西绣岭名副其实，林木苍郁，花草繁茂，每当夕阳西下，斜阳给山峰抹上万状红霞，瑰丽异常。西绣岭和东绣岭松柏苍翠，其间有一条深切峡谷——石瓮谷中有瀑布；周围有石瓮寺和亭台楼阁，还有周幽王的骊宫遗址，景色壮丽，绿阁在西，红楼在东；下有瀑布千尺，水声淙淙。骊山晚照，神韵真乃天成。刘禹锡在《乌衣巷》中写道："旧时王谢堂前燕，飞入寻常百姓家。"始皇陵、华清池本为皇家专用园地，骊山夕照，红杏出墙，开始泄景于民。在目睹风物之美与皇室奢华的同时，人类生活的历史轮回悄然已至新季。

天宝物华

秦岭自然地理概览

TIANBAOWUHUA

西岳神木 物华关中

西岳之"华"

　　华山南依秦岭，北望黄河，山势峭拔，岩松高秀，国学经典崇之为西岳，道教云笈尊之为圣山。华山以险位列五岳之首，其以藏敛露地学之奥，其以名分享华夏之荣。飞机上俯瞰秦岭，"西岳"的确像"东海"，这多少解释了峭拔华山与娇美鲜花的存在关联。事实上，在中国辽阔的土地上，与"花"有缘的名山甚多，安徽省的九华山和江西省的北华山皆为其著者。久负盛名的天华山至少有两个：一个在辽宁丹东，一个在陕西汉中。在众多与"花"有缘的名山中，西岳卓立，独以"华"名，既有学理上的必然，也有神奇的偶然在焉。

我国最早的地理学专著是《山海经》，作于战国时代。《山海经》在卷二《西山经》写道："太华之山，削成而四方，其高五千仞，其广十里。"《尚书》在《舜典》《禹贡》中都写到了华山："八月巡守，至于西岳，如初"（《舜典》），"西倾，朱幸，鸟鼠至于太华"（《禹贡》）。《尚书》中记叙华山的内容，《史记》在《封禅书》中基本继承。《尚书》与《山海经》均基于历史神性，而描写华山的地理属性，到了北魏郦道元的《水经注》则开始基于西岳地理，而夹带着历史神性："华岳本一山当河，河水过而曲行，河神巨灵，手荡脚踏，开分为两，今掌足之迹仍存华岩。"河神巨灵劈华山的神性地理，在东汉张衡的《西京赋》中亦有表达。《水经注》和《西京赋》及唐代诗人李白的"巨灵咆哮擘两山，洪波喷流射东海"（《西岳云台歌送丹丘子》）均继承了《尚书》《山海经》的神性地理内容，进而将黄河的"巨灵"因素纳入了西岳华山的造山视界，此种认识在《法苑珠林》中有进一步的丰富。《法苑珠林》说，"远古时，元气混沌，太行山、王屋山、太华山一带是一片汪洋大海，有一位叫作秦洪海的巨灵，

◎华山西峰

以左掌托太华山，右足踏中条山，太乙为之裂，河通地出，山遂高显。"

　　"山"（西岳华山）"水"（黄河巨灵）统一把握的认识方式在《法苑珠林》中不但获得继承，并且有所发扬："山"不再限于西岳华山，而包括太行山、王屋山、中条山在内了；"水"不再限于具象黄河，而是"元气混沌""太乙分裂""河通地出"的整个西海。应该承认，古典文献在西岳造山认识上极其卓越、辉煌与高明！其一，从河灵巨神到西海变华山的沧桑地史，先人已言之凿凿，甚为分明。其二，"盘古开天""太乙分裂"和"河通地出""山遂高显"分明在讲述地球的演变与形成史。此两点认识和成就装备着"卫星""海磁学"和"碳14"的现代地质学，并没有丝毫逾越，仅以"科学""实证"的方式进行着"小数点"之后的具体描述而已。

　　作为中国古典地理学名著，《水经注》一方面继承了《尚书》《山海经》的想象（信仰）地理内容，另一方面则以描述地理学为主导，开始了地理的描述解释学：华山"其高五千里，削成而四方，远而望之，又若花状"。这是历史文献中首次将华山与"又若花状"联系起来，着眼点已经是地望描述。东汉班固写的《白虎通义》说："西岳为华山者，华之为言获也。言万物成熟可得获也。""西方为华山，少阴用事，万物生华，故曰华山。"班固对西岳之"华"的解释源自"少阴信仰"的理论范型，是神性地理学的踪迹。班固的《白虎通义》与郦道元的《水经注》分别是西岳之"华"解释的两种传统与范式。从唐代李白的"白帝金精远元气，石作莲花云作台"（《西岳云歌台送丹丘子》），到明代徐霞客的"行二十里，忽仰见芙蓉片片"（《游太华山》），除道教之外，对西岳之"华"的神性地理解释日趋式微，如视敝帚，沦于荒诞不经，难以置信了。而郦道元的"又若花状"则被誉作最能令人信服的一种说法，邵友程的《西岳华山》（中国名胜地质丛书）和田泽生的《五岳游记》中的《华山天下险》都选择了《水经注》"又若花状"的说法，似乎已成西岳之"华"的地理解释定论。

　　现代地理学对包括华山在内的秦岭造山带的认识无疑取得了长足进展，以下为最一般性的自然地理描述。在陕西省境内，整个秦岭划分为以太白山为中心的西秦岭、以终南山为中心的中秦岭和以华山为中心的东秦岭。华山是东秦岭的中心和标志,西起蓝田与渭南交界的箭峪岭,东至陕西潼关与河南省交界的西峪河。从行政区划看,东秦岭即蓝田以东的渭南地区及对应的秦岭南麓山地。从高度上看,太白山(西秦岭)海拔为3767.2米,终南山海拔为2604米,而华山海拔为2154.9米,西高东低,秦岭山势依然。从造山构造类型而言,秦岭属褶皱—断块型造山带:西秦岭的太白山主要显示褶皱性质,东秦岭的华山主要显示断块性质,与此相应,前者的岩相褶皱节理主要是横向(与大地平行)发育,后者则是纵向(与大地垂直)发育。也正由于造山类型与基岩性相的差异,华山的绝对高度虽然有限,山势却呈现无限峻峭之美,荣列五岳之首。若从南北纬度方向看,秦岭又可划分为北秦岭、中秦岭和南秦岭,北秦岭为加里东,中秦岭为华力西(东)印支期(西),南秦岭为印支期。"中生代陆内造山,北秦岭始于华力西,中、南秦岭为燕山期。"就陕西境内而言,从西秦岭的略—勉缝合带与东秦岭的商—丹缝合带之北,到秦岭正脊偏南即中秦岭区域;略勉带以南到汉中盆地、商丹带以南到商洛境南缘为南秦岭。秦岭

◎华山东峰

正脊以北为北秦岭，"北秦岭为突变式活动带，南秦岭为渐变式活动带"（张二朋），华山的拔地突兀与南坡的和缓绵长即地貌见证。北秦岭华山是典型的花岗岩，中、南秦岭除花岗岩外，有众多的变质岩与灰页出露。由于从西秦岭而东的秦岭主脊线大致与蟒岭对应，远远落于主脊线以北的东秦岭华山至河南灵宝市一带山地，又被称为"小秦岭"。华山"小秦岭"是中国著名的黄金产区，西岳之"华"与此亦密切相关。

黄金作为"地心之花"的产物，首先是指地下岩浆以侵入地壳的方式而展开的灿烂。展开的往往是岩脉，而一柱擎天的状态甚至喷涌而出的情况一般很难有黄金富集，至于黄金富集开出金色的花朵，依然有许多的秘密不为人知，但是一般是伴随着石英岩脉，黏稠的石英岩浆与孤独而洁身自好的黄金结成了一白一黄的因缘，黄金富集的地方就成为含金矿山。在某种程度上，地心乃黄金的最富集区与故乡。霍明远先生认为，"依据金的非专属性、金属特性和新构造出的金原子结构模型，推测金起源于地核，称之为铁镍合金的地核，实际上是铁镍合金。金是以紫色气体状混合于铁镍之间的。""经计算，在地球大约 60 亿年的演变过程中，大约 99% 的金都集中到铁镍地核之内。"霍明远在《金的原子结构模型》中认为，金原子相互堆积的剖面图即"花"，一朵紫金色的无比美丽的花。地心"开花"——或辐射对流，或隆起陷落，或火山喷发，以地心岩浆浸入地壳的

◎四季美景

◎西岳三公山

方式隆起成山，断块成峰，黄金富集，成为含金矿山。与西秦岭太白山相比，东秦岭华山更多的是陆内地心垂直方向隆起型造山带；与南秦岭比，北秦岭华山是突变式活动造山。"突变式""垂直型"都与地心开花在华山"结果"有关：黄金富集与华山地貌都是例证。它表明：在某种程度上可以说，华山的形成正是"地心之花"。从东西经向看，中秦岭南山是狭窄的"条型"，东秦岭华山则呈分开的"花状"，从北往南依次排列着华山、蟒岭（流岭）与新开岭三条山脉。"商洛掌状地貌"，越过陕西省境内，从更宏观的视野看，以东秦岭华山、嵩山为中线，以北是山西吕梁山、太行山，以南是河南的伏牛山，为更为宏大的花状山系。华山显然也是中心与"花心"，华山的岩相山势都与"花"有缘，华山是突变式"垂直型"造山。花岗岩性，节理纵相，跌宕陡峭，五峰若瓣，可谓满山"花缘"，华山出焉。

仙掌地貌

　　说到华山秦岭地区的仙掌地貌，人们首先会想到东峰华岳仙掌。东峰又名朝阳峰，高出玉女峰顶200多米，峰头斜削，绝壁千丈，非常险峻。峰顶原有庙宇一座，名叫"八景宫"，依山势建立，雕梁画栋，极其雄伟。山体全由花岗石英砌成，和峰头同一色调，显得格外协调。周围巨松参天，涛声盈耳，极目远望，群山逶迤，黄渭如带。由于"文革"十年的动乱破坏，八景宫只剩残垣断壁，几堆瓦砾，唯有几座大石洞依然犹存。其中一座叫"三清洞"，供奉太上老君，在三清洞的石崖上，刻有"朝阳台"三个巨字。山门之外，有一个两米见方的椭圆水池，其旁巨石上刻有"天上液池"四字，应该是道士用水的"天池"吧。

　　朝阳峰上最著名的奇景，莫过于峰头东北处仙掌崖上的"仙人掌"。"华岳仙掌"为黄白相间的花岗岩石纹，形如巨掌，高数十米，为陕西关中八景中的第一景。据《华岳志》载，东峰曰仙人掌，峰侧石上有痕，自下望之，宛然一掌，五指具备，人呼为仙掌。的确，如果我们从山下华阴一带远望，东峰绝壁上的这一巨掌五指分明，愈看愈像。

◎连绵的华山

◎华山石刻

　　华岳仙掌久负盛名，远在西汉时代，汉武帝就曾来山下看过，他认为这确实是一个值得宣扬的神迹，便在山下专门为留下掌痕的河神巨灵立了庙；到了唐代，为了更加地突出仙掌，还曾一度把华阴县改为仙掌县，这样一来，仙掌就更加闻名天下了。很多人把它当作神迹来瞻仰，许多著名诗人不畏艰险，身临其境，留墨赞之。崔颢在行经华阴时，远望华山，作《行经华阴》诗曰："岧峣太华俯咸京，天外三峰削不成。武帝祠前云欲散，仙人掌上雨初晴。"生动勾画出华山雄伟的山势，特别突出了"仙人掌"。诗仙李白多次来过这里，在写出"西岳峥嵘何壮哉！黄河如丝天际来"（《西岳云台歌送丹丘子》）的名句后，又紧抓"仙人掌"奇景，写下"三峰却立如欲摧，翠崖丹谷高掌开"的高句。清初朱集义写有《华岳仙掌》诗："玉屑金茎承露盘，武皇曾到旧长安。何如此地求仙诀，眼底烟雾指上看。""眼底烟雾指上看"语出双关，诗境禅意，机警而深远。

　　仙人掌是怎样形成的？据说，在远古的时候，现在的华山和山西的首阳山本为一山，黄河从北面奔流而下，到了这里再也无法前进。河神巨灵一怒之下，以手劈其上，以脚踩其下，猛一用力，把这座大山一劈为二，打开了一个很大的缺口。这样，黄河才能再向东前进，

直入东海。结果，河神巨灵的手印就留在华山上成为仙掌；其足迹，一个留在首阳山下，一个留在华山的西峰上。《水经注》云："华岳本一山挡河，河水过而曲行。河神巨灵手荡脚踏，开而为两，今掌足之迹，仍存华岩。"此外，李白诗句"巨灵咆哮擘两山，洪波喷流射东海"讲得更为清楚。诗人王维在《华岳》中把此事描绘得更为细致："昔闻乾坤闭，造化生巨灵。右足踏方山，左手推削成。天地忽开拆，大河注东溟。"

从岩石学角度寻找华岳仙掌的成因，应该是较年轻的燕山期花岗岩露出地表以后，经风吹、日晒、雨淋及地震活动的影响，促使岩块首先沿着垂直节理坠落，形成一个光脊的峭壁，其后沿另一组垂直节理坠落，又形成了长短不一五指状岩块，这便是"华岳仙掌"的来历。整座华山是一个比较年轻的燕山期花岗岩体，花岗岩在地下深处冷凝时，产生了几组节理，当它露出地面以后，经过风化作用，有些岩块就沿着垂直节理而脱落下坠，特别是华山脚下又是一个地震活动带，历史上多次较大的地震的震中就在它的附近，地震促使岩块沿着垂直节理面崩塌坠落。在不同的方向上，有

◎东峰

◎北峰

时岩块沿着一个比较发育的节理面坠落，往往易于形成一个比较光滑的悬崖峭壁；有时岩块沿着另外一组节理面坠落，则可能形成一些参差不齐、凹凸不平的遗痕。仙人掌可能就是由五条长短不一样的条状岩块坠落所形成的遗痕，状如五指，和其下大块片状岩块坠落所形成的遗痕相合而成，状如手掌。因此，它远望如掌，近看则不过是一片岩壁上凹凸不平的岩石断裂面罢了，根本看不出是一个手掌。这也正如《水经注》上所讲的，到东峰附近，"东南望巨灵手迹，唯见洪崖赤壁而已，却无山下上观之分均也"。是所谓"远观其势，近观其质"。

其实，华山整体上就是一个仙掌地貌。整块的花岗岩是它的手掌，著名的五峰是它的硕指。华山呈一个柱状体，高耸天空，它共有五个山峰，很像一个面南而立的人伸出左掌收拢起来的五指。北峰最低，状若大拇指，食指为东峰，中指为最高的南峰，无名指为西峰，位于食指、中指、无名指环拱中间的中峰类似小拇指，后四指连在一起组成了华山的主体。大拇指和其他四指还有一段距离，中间有苍龙岭相连接，苍龙岭把华山五峰连

◎西峰

◎苍龙岭

◎西岳群峰

成一个整体。所以华山的五大主峰，既可以看作一个巨大的五瓣莲花，也可以视作一只伟岸的华岳仙掌。

陕西商洛地处东秦岭南麓，与华山隔岭相望，是一种典型的掌状地貌。山势结构形似手掌，掌结位于柞水西北部，呈手指状向东北、东和东南方向延伸的山地，由北向南有秦岭主脊、蟒岭、流岭、鹘岭和郧西大梁、新开岭等，秦岭主脊位于柞水、商州区和洛南的北部，海拔平均在2000米左右，主要的山峰由西向东有牛背梁（2802.1米）、文公岭（1686米）、凤凰山（2128米）、龙凤山（2028米）、草链岭（2646米）、八道垴（2132米）和老鸦岔（2414米）等，构成渭河和洛河的分水岭。秦岭主脊北陡南缓，在构造上属断块掀升的山地。商洛蟒岭山地西起洛南、蓝田交界处的龙凤山，向东南延伸，形成洛南与商州区、丹凤、商南之间的分界岭，它是洛河和丹江的分水岭。蟒岭北陡南缓，主峰云架山海拔1709米，雄居高耀乡之南。流岭山脉西接秦王山、九华山、文公岭，东延至丹江峡谷，构成商州区与山阳间的主岭山地。流岭主峰有秦王山（2087米）、西芦山（1928米）、马梁寨（1842米）、牛夕山（1736米）和天桥山（1770米），亦具有北陡南缓的特点，是丹江上源与银花河的分水岭。鹘岭西接柞水县东北部山地，东延至商南丹江南岸，是金钱河与丹江的分水岭。鹘岭主脊位于山阳县东南部，主峰大天竺山海拔2074米，小天竺山海拔1659米。其西北延展的山地，如柞水县的太平头山（1830米）、帽子山（1987米）、四方山（2341米），因与秦岭主脊相连，山势更高。郧西大梁展布于商洛地区南缘，是鄂、陕两省的分界岭，东与新开岭相接，山峰连绵，主峰海拔1708米，与镇安东南部的北羊山（1903米）、羊山（1921米）遥相呼应。

商洛的掌状地貌，其成因主要受东西向和西北—东南向的构造断裂所控制。自中生代末期，除形成一些局部构造盆地外，地质结构已基本定型。自第三纪、第四纪以来，它又承继了老构造格局，具有间歇性断块分异运动特点，同时遭受长期风化、剥蚀，并受洛河、丹江、金钱河、乾佑河、旬河五大河流的长期切割，形成了结构复杂、山岭交错的仙掌地貌。

二华夹槽　叩问巨灵

张衡的《西京赋》曰："缀以二华，巨灵赑屃，高掌远蹠，以流河曲，厥迹犹存。"其中"二华"指太华山与少华山。太华山与少华山均为秦岭名山，尤其是太华山自古为西岳圣山，灵性深存，闻名海内。然而，近50年来，特别是2003年渭河水灾以来，太华山与少华山被日趋严重的"二华夹槽"困住了！

华山地貌类型复杂，按照成因和形态分类原则，可分为剥蚀断块中山、山前洪积扇裙、黄土台塬与渭河冲积平原四大地貌类型。

（1）剥蚀断块中山地貌。剥蚀断块中山地貌北以山前深大断裂为界，南至秦岭主脊，西起瓮峪左岸分水岭，东至杜峪和黄甫峪上游的右岸分水岭，地势南高北低。秦岭山脉呈东西向延展，区内发育着垂直于山脉走向的河流，较大的河流有瓮峪、仙峪、华山峪和黄甫峪等，所有河流都注入渭河。山地因经过漫长的地质史，构造运动复杂，岩浆活动频繁，变质作用强烈，断层剧烈，特别是新构造运动活跃，使华山形成了以花岗岩、变质岩为基础的中山地貌。塑造地貌的外营力有流水、块体运动和风化作用等，尤以流水作用最强。河流从发源地向下游随流量和流速的加大，流水的垂直下切、溯源侵蚀与搬运能力不断增大，华山又因处于降水高值区，故各条河流下游侵蚀能力很强，都形成了窄深的峡谷地貌。山前断层崖（＞60度）受垂向沟谷的侵蚀形成了许多非常壮观的断层三角面；花岗岩和演变岩岩性坚硬，节理发育，受流水的下切作用，由秦岭主脊到山前断层崖，河间高地，地形陡峻，层峦叠嶂，大部分山峰都在1000米以上，构成了华山的中山地貌。

（2）山前洪积扇裙地貌。华山山前高耸的断层崖北侧地形突然开阔，每遇洪水时，流水携带大量泥沙、砾石通过山地峡谷之后，不受地形的约束，

◎ 少华山鹰石

流速减缓，搬运能力减弱，水流挟带的物质大量堆积，因此各条河流峪口都形成了扇形堆积体，这些大小洪积扇相连，便成为山前洪积扇裙，宽约2千米~3千米。

从山口向外，洪积扇堆积的物质粒度有着明显的纵向变化规律，愈接近山口，堆积物粒径愈粗大；距山口越远，沉积物越细，每当枯水季节，流水经过扇形地顶部颗粒堆积区，因孔隙大，大流发生渗漏，潜入地下，形成暗河（或称断流河），在扇前溢出带，以泉水形式出露，又成为明流。洪积扇因堆积物的数量从山口向外不断递减，故地形具有显著纵向坡度变化，顶部坡度40~80度，中部30~50度，前缘小于30度。洪积扇水流搬运物质堆积迅速，粗细混杂，故分选性差。洪积扇水流不稳定，往往由于洪流堆积物淤堵，河流经常改道，洪积扇规模的大小取决于流域面积和水沙的条件。

（3）黄土台塬地貌。华山景区山前沉陷区没有黄土台塬地貌，仅在旅游区东端观北乡东侧有局部黄土台塬，属于孟塬西部边缘部分。黄土台塬底部是早更新世的三门组，上覆黄土层，厚80~120米。台塬地面平坦，沟谷深切，谷坡稳定性差，块体运动活跃。

（4）渭河冲积平原。冲积平原是在山前凹陷地带由渭河的河漫滩和第一、二级阶地构成，南部与山前洪积扇堆积物质相接，渭河自由曲流发育。从1960年起，因受三门峡大坝蓄水影响，库区回水倒灌，河床与河漫滩不断淤高，河漫滩堆积已叠加在一级阶地之上，目前仅能以防洪大堤分辨出原来河漫滩与第一级阶地的界线。第一级阶地，冲积物质时代是全新世

早期，以砂质黏土、粉砂和砾石为主。阶地前缘自然堤发育，堤背向南倾斜，形成了南高北仰中间洼的"二华夹槽"，长 40 千米，宽 2 千米～3 千米。第二级阶地，堆积物质时代是晚更新世，由冲积黄土、黄土状砂质黏土和沙砾组成，阶地沉积物具有明显的二元结构。

由于崩塌，沟谷堆积着大量积物，加之河床地形陡峻，又是降水高值区，这成为水石流产生的方便条件。水石流搬运的物质以砾石为主，粗粒物质约占 85%～95%，粉砂黏土约占 5%～15%，这些粗大物质多以滚动滑移方式向前搬运。水石流往往暴发突然，来势凶猛，破坏力极强，常造成严重灾害。自 1556 年华县地震发生之后，水石流就进入活跃期，特大灾害性水石流曾多次发生。如光绪十年（1884 年）六月，华山峪搬运的巨大砾石"鱼石"体积之大实属罕见。400 余年以来，水石流已把大量砾石堆积在山口洪积扇顶部，形成了新的加积扇。玉泉院就建在加积扇之上，它曾经多次遭受灾害破坏，现院内外到处都有巨大漂石可见，如山荪亭下的块石直径达 12 米。水石流洪水在第二级阶地的前缘与汇入渭河的河口处因受地形变化和干流影响，形成了较小规模的扇形堆积体，构成了串珠形的洪积扇。水石流的洪水与平原河段因淤积旺盛，河床不断抬高，尤其是 1960 年以来，受渭河淤积影响，都变成了地上河，每当发洪水时，都会造成严重水患。

"二华夹槽"引发了 2003 年 9 月震动全国的洪水灾难，受渭河 2003 年 9 月洪水的影响，陕西省渭河下游遭遇了前所未有的洪涝灾害。一是防洪工程毁坏严重。渭河干支流堤防先后共发生管涌、裂缝、坍塌等险情 825 处，其中较大险情 371 处，渭河下游堤防共发生决口 8 处。二是淹没面积大，洪涝灾害并发。渭河 12 条秦岭北麓支流全部严重倒灌，最长达 7 千米；秦岭 72 峪中的罗敷河、方山河、石堤河等支堤相继决口。华县、华阴"二华夹槽"地区被淹面积约 200 平方千米，平均水深约 2 米，最深处达 4 米以上，淹没区前后滞留洪水达 52 亿立方米。三是受灾人口多，损失惨重。据 2003 年 11 月 1 日《华商报》及中央电视台《新闻联播》报道："今年渭河流域发生了严重水灾，据陕西省委、省政府统计，陕西全省有 1080 万亩农作物受灾，225 万亩绝收，成灾人口 515 万人，直接经济损失达 82.9 亿元，是渭河流域 50 多年来最为严重的洪水灾害。"

造成渭河 2003 年 9 月小洪水、高水位、大灾害的主要原因有三个：其一，受大气环流影响，强降雨次数多、历时长，这是直接原因。50 天内连续出现了 6 次大范围、高强度的降雨，累计降雨 32 天，雨区笼罩了西起天水、庆阳地区，东到潼关的整个渭河流域。其二，由于泾河、洛河、渭河中上游水土流失严重，导致下游河床泥沙淤积严重，使渭河变成"悬河"，这是长期原因。其三，三门峡水库泥沙淤积使黄河潼关高程抬高，在渭河入黄河口形成拦门沙，"悬河＋出口淤塞"，这是根本原因。三门峡水库横在黄河上已经有 43 个年头了，是黄河上最老的一个水利枢纽工程。最近，它却遭到国内资历最老的一位水利专家、92 岁高龄的中国科学院和中国工程院双院士张光斗的质疑，和他持同样观点的还有 80 岁高龄的中国工程院院士、水利部前部长、全国政协原副主席钱正英。他们共同呼吁，三门峡水利枢纽应该尽快放弃发电，停止蓄水。渭河洪峰最高流量 3700 立方米／秒，只相当于五年一遇的洪水，却形成了 50 年不遇的洪灾。小水酿大灾！三门峡水库所造成的严重泥沙淤积使受灾的渭河下游地区被水利地学界称为"二华夹槽"。"二华"指渭河右岸的陕西华县和华阴市；"夹槽"指"二华"以南的秦岭及山前洪积扇与以北已成悬河的渭河，皆高于农村平原地带，形成东西走向低、南北两边高的地形，沿渭河以南的形状如同一个长方形槽子，形成了"渭河秦岭夹击，出口泥沙淤堵"的"夹槽"地貌。毋庸置疑，三门峡水库乃"二华夹槽"特殊地貌的始作俑者。

围绕渭河 2003 年 9 月洪水灾害，又引发出了关于三门峡水库的反思，三门峡水库于 1960 年 10 月建成蓄水，50 多年来为下游防洪、防凌、供水、灌溉和发电做出了巨大贡献。然而，泥沙大量淤积在库尾，渭河、北洛河等河口形成拦门沙，抬高水位，悬河送出，犹剑悬首，对河流两岸的广大地区乃至西安的安全造成严重威胁，目前已影响到咸阳市陇海铁路桥位置。三门峡水库使渭河入黄高程抬升了 5 米左右，渭河成为继黄河之后，中国大地上的第二条"悬河"。过去 10 个小时可以通过的洪峰，现在需要的时间是 50 多个小时，洪水滞河，决口频仍，倒灌严重。抛开历史环境、制度缺陷不论，仅从技术角度而言，黄河三门峡水库修建动议之初，就有水利专家黄万里力排众议，直斥其弊。今天，其弊端错谬，庶为共识，被视为世界上两大"恶坝"之一——水利专家张光斗、水利部原部长钱正英均坦言其错误与恶果。

中国历史文明的一个辉煌日出即大禹治水。大禹的父亲叫作鲧，治水主"堵"，失败被"殛于羽山"；大禹治水则主"导"，成功继帝位，写下文明的辉煌篇章。华山与黄河的地理关系，从大禹治水的历史文明到巨灵劈山的神话传奇，皆敞露让水下山、倾注东海的思想方法与深沉眼光。今天，黄河淤积空前，三门峡水库使渭河入黄高程抬高了 5 米之多，黄河倒灌渭河，渭河倒灌南山支流。"二华夹槽"，悬河迭出，水滞山前，让人想起大禹治水的文明故事与历史经典。黄河三门峡水库自有其功，但以其为象征的中国当代水利思维，确有根深蒂固的水库大坝情结，诸如泥沙淤积、水源枯竭、成库废置且不论，其思维方法诚然与大禹治水、巨灵擘山的文明教化经典分庭抗礼，扞格不通，背道而驰。2003 年的惨重水灾，就表象而言，尚是泥沙淤积严重，黄河倒灌渭河，东西渭河流向的"二华夹槽"损失惨重。"二华"在张衡的《西京赋》中本是与河神巨灵并出的圣山名称；在而今的"二华夹槽"中，百姓遭难，名山蒙哀，文明受困。人无完美，知错即改，乃人类社会进步的通则。如果仅以"小利"而失"大义"，或者使利和义的天平失衡，继续发生"小水酿大灾"，那就是国家社会的不幸与悲剧。现在的情况是，如果渭河的河床继续抬高，势必要进一步倒灌太华山、少华山诸秦岭北麓峪口，与渭河流向垂直性的南北向的"二华夹槽"将如影随形，问题更为可忧。

感天之气 观岳之象

秦岭自西向东一路走来，以有形的伟岸身姿、撑天之势建构了神州中央的骨骼系统，它的千川百谷滋润着 72 峪流浸的涓涓清液，它的地籁百窍吐纳着丰赡的自然之境，它的峥嵘威势和襁褓柔情保护了生态世界的万千造物和孑遗生灵，它的身边横陈着雍容华贵的关中与肥沃膏脂的汉川。终南山和大长安无疑属于它直接哺育的双子星，永远闪烁在人类历史的文明星空。秦岭也以博大的胸怀牵引着黄河、长江，以天罡之理和厚土之气划开了华夏的天南地北，绽露着古老大陆的复兴之梦。

秦岭一路走来，也在不断地成长和不息地生长。昆仑已降，海底已出，慢慢长大，岁月苍古，又迅猛拔节。它腾挪浩荡的万千景象濒临中原大野，如蛟龙应世。密接昆仑，西顾有情；东瞰嵩岳，金刚暗撑，这是秦岭巨大绵延的本真张力。

西秦岭的天台山与关山陇脉标记的十字架背负起浩大雄浑的乾天坤地；磻冢山和嘉陵江呼应着炎帝的天台山和黄帝的崆峒山，是多么深沉又意味深长啊。文王北来，飘然之东，给秦岭中段的终南山和汉唐盛世以根本的历史根基。汉武帝的玄都坛和唐太宗的翠微宫把古代华夏的灿烂文明从历史理性和神秘信仰两大方面推向了难以企及的极峰。盛唐以降，李白在《华山云台观》中叹"黄河如丝天际来"，张养浩在《潼关怀古》中哀华山东西的衰亡和兴盛。在如晦长夜，秦岭在浸漫到中原大野时不经意间

扬起了华山剑，给了从陆游到张养浩以收复中原、再造乾坤的精神底气，也贡献了救生灵于倒悬的天下第一的中神通王重阳和金庸的武侠经典。东秦岭"华山之剑"的这一扬，揽五岳之气尽归西岳之魄；招雄山之魂全附华山之心，势拔五岳，啸峭苍天，雄视天下，华山一跃成为社稷巨器和华夏大鼎，"天成四方"的华山注定不能成为悠然深藏的南山。"华山论剑"出自金庸先生的神来之笔，也是华夏复兴绝佳的灵感意象和世界格局巧妙的棋盘。从五代陈抟和赵匡胤的华山对弈，到金庸作品中王重阳和天下英雄的"华山论剑"，华山就是天下的棋盘、论剑的擂台、观天的眼眸、显道的灵根，华山风云是社稷沉浮的镜像，西岳气象是了解国家大局的天窗。

华山在秦岭的身躯里，我们说它是秦岭的花朵一点儿也不为过；它本来就是盛开的宇宙之花，是奥秘的天地之灵。华山乙庚相合，铺展着中华文化的彩绘符号。华山是秦岭走向中原的头面和名片；华山是秦岭的眼眸、风骨和气韵；华山似乎一直在摇曳着西岳的精微和灵魂。在中国文化里，天人感应的思悟者在秦岭的华山凭空临虚，感应天下之浩渺杳冥，也俯察江河胡汉的变迁端倪。这里是人与自然高妙深沉的交融地，智者一纵便上万丈之巅，又轻轻一落，重回人间沧桑之地。万物人事在华山的灵应台上上下下，也给了山岳绝好的注解。

万古的长风沿着秦岭北支祁连山而来，罡风正气，飒飒萧萧，进玉门关不言春风，过乌鞘岭寒冰搁置，越华家岭劲吹八方，翻陇关依然疾走南山。在周至的楼观台和马召一带，每到秋冬也是呼啸连天，吹得楼观钟鼓轰然，铃音如线，直至万仞华山，扶摇翻卷，视中原而敷扬豪迈。

昔日，人们在华山察天俯地更多地是靠智者的超觉，今天，华山顶峰的气象站不舍昼夜地记录天风运行的脚步。华山的断块上升形势直逼山前川原恰如拔地而起的平畴高塔，直接感受的是大气流场，古今眼界异曲同工。秋去冬来，朔风寒流也不期而至，莽莽秦岭硬生生挡住了寒彻之气，即使雪压万山，越岭的风儿也温润、温阳起来。华山也行使着令旗，划开了江河的分野。大地奇妙，高天微妙，精微玄虚，存乎造化。春去夏至，高天的自由澄澈似乎忘记了天下有山，北方的火炉直超南溟，烈焰滚滚，然而六月的太白积雪在静静地曝晒、冷冷地呵气，华山的飞雹也时时打落，

表明自己的存在。天地刚柔，阴阳运行，秦岭及华山是天地间的一极，是伟大的西岳。

要爱河山，观河山，登临华山是最佳的福地。东去者，看鲁豫，乜江淮；寻根者，眺长安，思陇阪；拒北者，迎大河，挡朔风。旭日初升，朝阳峰沾满晨露，日行天中，南峰揽满目晴空。夕阳西下，西峰送金乌沉海，星夜北峰对北斗，明月一轮坐中峰，云海滚滚，雾岚飘忽，或细雨霏霏，松柏苍翠；或霜凝雪飘，空谷梦冻；或列缺霹雳，天雷触地；或云雾笼山，宇宙混沌。华山，秦岭之言也。

秦岭的自然神性与无穷蕴含在不断生发，华山在中国文化里的魅力，使得它更方便拉近现代文明和自然之源的距离。在华山缆车的帮助下，人们少了昔日的鞍马劳顿，悠然间就上到了北峰云台观，进入飘飘欲仙的行列。在这里，人们得到更多的是豪情、气势、精神和灵感，自然的风云雨雾、日月的空明虚灵统统地化为人们的真性和气魄，华山上的芸芸众生，其返璞归真的比例和可能性大大增加。这些，应该是经历了华山气场的最大熏陶而赠送给人类的无比清新呼吸。一旦与时代的正能量相契，新的山岳传奇将注定涌现。

在华山气象站工作了18年的于进江，就是华山气场的见证者和受益者，是西岳精神哺育出的当代好汉与英雄。在直如刀削的华山，猿猴尚且愁攀，如若在山顶的华山气象站18年如一日地工作，免不了三苦——工作辛苦、条件艰苦、生活清苦，于进江在这三苦中破壳而出，磨砺出了破茧而翔的资本。18年来，他有14个年头在山上过年，提起家人，他不禁泪流满面。于进江讷言、敏行，在高山深涧里虚怀若谷，寂寞观天，得以灵修。

时间追溯到1993年年初，20岁的于进江怀着对华山气象站的美好憧憬，在山路上挥汗如雨五小时，仰头看到了华山西峰之巅纤细坚韧的"风向杆"——"就是这儿了，华山气象站！"在华山12平方米的气象观测室里，他是最有心的一个天气观测者，跑下观测场，他去分析、研究、思考，他用平时所学的理论知识结合华山的气象实际来分析云、天的演变规律，并将重要、典型的天气过程做好详细记录，如今，他的床头仍然放着两本前辈手抄的气象站登记册，一本写自1958年，一本写于1980年。雪天里，山陡路滑，上一趟山太不容易，一不小心就能跌下山。秦岭暴雪封山时，谷道雪厚不止一丈深，跌进去就难活命。冬天，为保证气象仪器正常工作，于进江经常冒着刺骨的寒风，爬上十几米高而且紧邻万丈深渊峭壁旁的风向杆，用冻僵的双手一点一点地抠掉积冰。"到了冬天，山上风大，卷起大片大片的雪花。观测员冒着生命危险到观测场记录数据。我们经常被大风吹得东倒西歪，有时迎风吹来连呼吸都成困难。山上的风，最大时的速度达 41.3m/s；值班室不远处、直径约 1 米多粗的千年古松瞬间被大风吹断。"

华山没有土层，雷电无法接地，有时雷电火球窜入值班室，打得仪器火星四溅，一声"脆雷"劈过来就把气象站的窗户玻璃和灯罩都打烂，有多少次于进江都是趴到桌子底下避雷。夏季的雷雨天进行气象数据观测记录同样十分危险，他多次冒着生命危险按时采集第一手气象资料。某个盛夏的午夜，突然乌云翻滚、雷声大作，瓢泼大雨从天而降。"雨水往值班室里灌，电线接头处让雷击得噼里啪啦直冒火花"，于进江回忆道。情况紧急，顾不上被雷击，于进江抓起扫帚扑灭电线上正在燃烧的火。只有抢抓了时间，才能按时观测和记录每一项气象数据。可当要发出气象电报时，发现发报机被雷击坏了……他立即下山。山路漆黑，在泥泞中连滑带跑，他仅用三小时就走到山下完成了气象发报。他双脚磨出的鲜血和袜子粘在了一起！他拖着疲惫的身体背上十几斤重的设备又朝山上爬去，到了山顶洗脚时，大拇指的鲜血和袜子已经凝固在一起，只好连袜子一起泡在水里，"泡开后，把袜子脱掉时，发现一个脚趾盖已彻底连根掉下"。18 年，于进江从高昂青年变成了不惑成人，华山气象站也从简陋变得现代。在气象人于进江的大脑中，不变的永远是华山的几个数据：

"海拔 2064.9 米，年平均气温摄氏 6.1 度、极端最低气温摄氏零下24.9 度，年极端雷电日数 43 天、大风日数 109 天、大雾日数 129 天，冬季最长积雪 5 个月"。华山北朝渭河断堑，拔地而起，壁立千仞，千尺幢、百尺峡均近 90 度，东、西、南三峰皆刀削绝壁，属于世界性的典型断块隆起名山。因无遮拦和过渡，华山之巅多飓风，"大风日数 109 天，最大时的速度达 41.3m/s"。华山起大风的日数之多已经属于千里塞外，风速之快是世界百米王博尔特的 4 倍。秦岭耸立于关中之南，南方来的暖湿气流爬高后受冷形成雨水，所以谚语常说："南山盖帽，大雨就到。"在秦岭沣峪高山生活了 16 年的葛慧先生在《秦岭韭菜滩》中也记载了三年秦岭高山气候资料："海拔 2200 米，三年中年平均温度 30℃。最低温度 −20℃，最高温度 32℃。夏季不炎热，冬季特别冷的严寒天也不多。一月份气温 −0.3 ～ −12.2℃，七月份气温 19.3 ～ 22.3℃，年温差为 6 ～ 11.6℃。年降雨量 1004 毫米 ～ 1065 毫米，阴雨天较多。这里不能种植粮食作物，只能生长部分药材和蔬菜。夏季只有两个月，冬季一般五个多月，五月仍下雪。"

葛慧先生的资料和于进江华山站的记录基本相同：其一，"最低温度 −20℃""极端最低气温摄氏零下 24.9 度"。葛慧先生工作的地点是沣峪大坝沟，是高山也是深山，所以冬天的最低气温要略高于华山西峰顶。其二，秦岭"冬季最长积雪五个月""冬季一般五个多月，五月仍下雪"。华山和终南山（沣峪顶）"冬季一般五个多月，五月仍下雪"。按照葛慧先生《秦岭韭菜滩》记载，"九月背阴处有积雪"。华山 2154.9 米高，终南山（沣峪顶）2604 米高，而太白山海拔 3767.2 米，"六月飞雪"不难想象。据太白山自然保护区的资料记载，1979 年七月，拔仙台一带平均气温 7℃，最低气温 −2℃，即在夏天，游客也常在大爷海周围看到冰雪，我们希望"太白积雪六月天"不仅仅是历史美学，也是秦岭的现代气象学，这是陕西的希望，更是秦岭气象人的期盼。现在，去一趟华山气象站要登缆车到北峰，再由北峰徒步向西峰"攀爬"，最终到达西峰莲花峰的华山气象站，徒步走的时间有两个多小时；而在 1996 年以前，没有缆车，需要走上六七个小时，才能从山底爬上来。过去，华山气象人点的是煤油灯，吃的是夹生饭，喝的是苦窖水，住的是木板房，所有的生活用品和物资全靠一根扁担担到山顶。如今的华山气象站，24 小时的自动监测和人工监测确保了监测数据的权威性和准确性，成为我国天气预报的重要指标站，其资料参加亚洲区域气象情报交换。

2011 年 6 月 30 日的《中国气象报》有以下的文章："现在，虽然山上的环境条件相对转好，但是他们吃的依然是挑夫挑上来的食物，喝的是

从石壁上汇集的雨雪水。因为地处高山，气压过低，所以水经常烧不开，蒸馒头要用高压锅，面条常常煮不熟黏成一团。由于长期缺乏新鲜蔬菜，缺水不能洗澡，加之强烈的紫外线辐射，狂风吹，烈日晒，导致气象人员皮肤皲裂、干燥、嘴唇口角干裂、溃烂，痛苦难耐。……无论春夏秋冬，刮风下雨，于进江总是毫无怨言地爬上十几米高的风向杆排除仪器故障。十八年来，于进江获得气象地面观测'百班无错情'三十二个，'二百五十班无错情'十个，名列全国前茅；每当想念家人的时候，他就一个人站在山顶眺望。近六十年来，几代气象工作者将青春年华奉献在这里，将心血汗水流淌在这里，将气象人的忠诚挚爱铭刻；一句话，他们将华山气象人的精神留在了这里。他们无愧于西岳，他们有功于华山，有功于华山辉煌美好的明天。"

天成四方

　　《山海经·西山经》载："又西六十里，曰太华之山，削成而四方，其高五千仞，其广十里，鸟兽莫居。"华山的峻峭险拔已臻天界至境，以至于"鸟兽莫居"。"削成而四方"是华山地质的另外两大奇观，"削成"源于华山属于强烈的断裂隆起造山，突变式，坚硬无比的华山花岗岩历经万年沧桑，仍保有"鬼斧神工"的凌厉与峥嵘；"四方"也与此相关，源自华山花岗岩的垂直纵向节理，华山西10千米有谷叫方山峪。华山峪内"四方"遗迹更多：玉泉院南的鱼石、鱼石稍南的王猛台、赵匡胤与陈抟对弈的博台，华山垂直纵向节理最直观生动的代表非华岳仙掌莫属。华岳仙掌为关中八景之一，华岳仙掌处于东峰仙人掌岩的东北岩石，是考察华山花

©华山博台

◎下棋亭　　　　　　　　　　　　　　◎万堅松风

岗岩纵向节理最好的地质实验对象。阐述华山的"天成四方"，最好从博台开始。

　　博台也叫下棋亭，是宋太祖赵匡胤与陈抟老祖下棋的地方。在朝阳峰的东南方有一座孤峰，它虽属于东峰的一个组成部分，但低于东峰约200米，并与东峰绝，无路可通。在这个花岗岩球状风化产生的峰头上，原来有亭翼然而立，尽为铁瓦。其中有铁棋盘一局，这就是华山上很有名气的博台，也叫下棋亭。博台同华山上其他文物胜迹一样，在"文革"时遭到严重破坏，铁亭早已不知飞向何方。相传，在我国春秋战国时代，秦昭王令工施钩梯而上华山，以松柏之心为箭，箭长八尺，与天神相搏，得名"博台"。到了汉代，汉武帝派人前来华山寻访的卫叔卿也曾在这里博戏过，所以也叫卫叔卿博台。但是，流传最广的还应推宋太祖赵匡胤卖华山的一段故事。在华山上，赵匡胤遇到了陈抟老祖，两个人聊话投机，就在博台上下起棋来。赵匡胤先赢后输，连输几盘，已经无物抵押。陈抟提出，可把华山抵押给他。赵匡胤欣然为之，写了一份文约交给陈抟。赵匡胤内心有点后悔，便急忙

伸手去抢那张文约，不料文约没有抢到手，反而把他的指印按在文约上。陈抟老祖哈哈大笑，用袖一拂，文约被吹到博台对面的三公山上去了，贴在上不沾天、下不着地的崖壁上。其后，赵匡胤当上了大宋皇帝，"天子口中无戏言"，并有文约在贴，华山也就变成陈抟老祖所有了。在秦腔剧中，曾有过《赵匡胤卖华山》这出戏。由此，道君与皇帝的这段经典历史故事变得更加脍炙人口，尽为人知。

博台的命名源自秦昭王与天神的搏斗；下棋亭的取名源自赵匡胤与陈抟的博弈。"搏斗"也好，"博弈"也罢，总是一种规则下的人性竞技活动，总是人文活动的规则——地貌语言与宣言。一丈见方的博台既见证了人（秦昭王）与天神的搏斗，也见证了君王与隐士的博弈。有趣的是，赵匡胤输了，想毁约，文约倒被陈抟"拂袖吹到博台对面的三公山上去了"。主峰以南的三公山正是华山"天成四方"的理想写照与地质构造成因之缩影。神话并非笑话，神话揭示着某种神妙；华山被尊为西岳更非随便，而是有着历史的文明神奇。

在华山的地质构成地貌中，水平构造与断层构造最为显著，华山北面渭河大断层是典型的断层崖构造地貌。在河流横切断层崖的初期，下切不深，崖面呈梯形面。中期下切加强，梯形面变成三角面，最终演变成浑圆的山嘴。由于华山花岗岩无比坚硬，除了"浑圆的山嘴"外，华山断层崖尚存凌厉尖锐的棱角与三角崖面。水平构造的岩层受地壳运动抬升后，构造形态不变或只做轻微的倾斜变动，所成的高原或台地是构造高原或构造台地，当构造高原或构造台地经水侵蚀后，往往形成方形的山、峪、石等。《三国演义》记载，西秦岭有上方谷，商洛南秦岭有四方山，华山有方山峪，皆其著例。华山众多的台，如王猛台、升表台、博台都是"天成四方"的鲜明踪迹，加之华山花岗岩的上下纵向节理使得华山从与山相连的整体之台到与山分体的孤躺之石，无不呈现"天成四方"的造化奥妙。

在华山主峰区，纵向节理的花岗岩体到处可见，这是花岗岩体受区域定向应力而产生的一种特有破裂构造，它对华山主峰"削成而四方"的平行四边形柱状山型——苍龙岭、仙掌崖、千尺幢等奇险地貌的构成起着决定作用。据航空照片解译和实际测量，华山花岗岩中节理构造主要有下列四组：第一组（A组）节理（断裂）面向西或西南倾斜，倾角78～85度，如仙掌崖面、千尺幢、百尺峡、苍龙岭、擦耳崖及西峰西壁等；第二组（B组）倾向近北，倾角80～85度，如长空栈道面及三公山北侧断面；第三组（C组）倾向东南，倾角60～66度；第四组（D组）节理面倾向东或东偏南，倾角近水平，约10度，如东、南、西峰顶面和三公山顶面。

其中，A、B、D三组节理把花岗岩切成无数大小不等、近似于平行四边形柱体的岩块，大到华山主峰，小到体积只有一个立方米，主峰以南的三公山地貌就是这种几何形态的理想写照和主峰地貌构造成因之缩影。三公山是华山"天成四方"的典型地貌，四方形既有原则（与圆形不同），又不尖锐（与三角形有别）。"三公"者，现代的说法是"公正、公开、公平"；经典的说法是"天地人三公"或曰"大道天下为公"。陈抟将自己与赵匡胤的华山文约贴在三公山，实在是高明啊！

一般而言，高山的几何象征为三角形。华山在拥有三角形的同时，又富集了众多的四边形与立方体。如果说三角形的美学风格是凌厉方向感，四边形则是华贵与包容性。华山无疑兼容了三角形与四方形的几何图案与美学风格，的确，华山的造化魅力与"天成四方"的地质构造密切相关。

©华山日月岩

探秘华山地质

华山以险峻雄奇闻名天下。北麓的玉泉院海拔 425 米，与主峰 2154.9 米相对高差 1729.9 米，平均坡度 20 度，青柯坪以上甚至超过了 40 度。华山五峰险峻异常，为其他四岳所不及，攀登之难更为五岳之首。

华山花岗岩多为悬崖峭壁，得益于以下几个条件：第一，华山岩体周围的古老片麻岩接触面较陡；第二，花岗岩侵入体形成后，产生了几组节理，走向近于南北，倾角近于直立的节理裂隙及一组水平节理非常发育，受风化侵蚀后，有些岩块沿垂直节理脱落下坠，形成悬崖峭壁；第三，华山北麓东西向的秦岭山前大断裂为一倾角 70 ～ 80 度的高角度正断层，两盘间垂直差异运动非常明显；第四，喜山运动、新的构造运动的叠加及华山岩体南部东西向断裂带的存在，北盘显著下降，南盘强烈上升，使华山继续拔地而起；第五，华山花岗岩为中粒似斑状二长花岗岩和闪长花岗岩，岩石致密坚硬，抗风化能力强，易造成幽深峡谷，悬崖绝壁；第六，在两侧河流及新发育起来的华山峪的强烈侵蚀下，华山终于变得陡峭无比。

从玉泉院出发，南行进入华山峪，峪长约 5000 米，南北走向，两边尽是悬崖峭壁，是流水沿花岗岩垂直节理形成的"V"字形

◎日照东峰

◎暮色西峰

峡谷，谷底宽 5 ～ 10 米，局部称一线天。南行约 1000 米，溪涧中见一块约 10 米见方的花岗岩石，两侧镌刻有醒目的"鱼石"两字，鱼石南侧可见一条大约北东—南西的花岗岩接触带界线，南东边色淡，肉红色，为花岗岩；北西边色暗，为太古代的片麻岩，生成时代距今约有 36 亿～ 25 亿年。越此界线便进入华山花岗岩体中，该岩体很年轻，在中生代燕山期生成，距今为 1.66 亿年。过五里关，经桃林坪、张超谷、聚仙坪到希夷峡，从此西折而上，见两块花岗石撑架中空，形成一处三角形石隙，这就是华山著名景点——石门。东边的山崖上，花岗岩好像直立成层的沉积岩一样，一条条宽窄大体相同，岩石脱落下坠，形成石槽，尽显花岗岩的顶部混染相，是老地层被岩浆重熔的证据。

云台峰即北峰，海拔 1614 米，在华山五峰中最低，位于主（南）峰之北。峰上依山就势建有真武殿、无量庙等道教遗存，北峰下的老君犁沟有石阶 453 级，传说为太上老君驾青牛犁成。其实，老君犁沟实为降水沿南北向节理侵蚀形成的槽沟，再经人工开凿而成磴道。爬上老君犁沟顶端便到横翠崖，在横翠崖处，路一分为二：左转向南，可登上"聚仙台"，崖间凿洞，洞洞相连，依洞筑观，辅以楼台而成道院；右转向北，为节理形成的陡壁，草木不生，裂隙全无，道路险绝。

玉女峰为中峰，峰西侧是一块洼地，约百十亩，海拔 1880 余米，两条小溪汇合于此，久雨或大雨后，溪水直捣北崖，形成了壮观的玉女峰瀑布，落差达 500 米。

中峰之东即朝阳峰——东峰，从东峰去下棋亭，必须经过一段高六七十米，上凸下凹名叫"鹞子翻身"的悬崖才能到达，"鹞子翻身"属华山绝险之一。

从朝阳峰西南行，可攀登落雁峰即华山南峰。南峰是华山主峰，海拔 2160.5 米，与东西两侧左右接形成靠椅形，南侧绝壁千丈，为一断层深堑，

◎苍龙岭

与稍远的三公山和三凤山相隔，更显华岳的孤峰突兀。在南峰东侧，有几个扁圆馒头状的奇特山貌，这是花岗岩球状风化所形成的特殊地形，这里古松挺拔，岩韵高迈，举手接云，著名景点有南天门和聚仙坪。在聚仙坪北侧就是华山著名的险境——长空栈道的入口。"华山

◎无上洞

论剑"的书体与影视节目多于此取景。的确，华山是"论剑"的好地方！长空栈道是论道的绝佳处！华山花岗岩体的神伟气势与高妙韵味，唯长空栈道呈现得淋漓尽致，叹为观止，登峰造极！这里纯粹是古人论道和今人探险的去处，一般旅游者仅饱眼福，敬而返还可矣。

由落雁峰西北下行可通西峰。西峰也叫莲花峰，因峰顶有石叶酷似莲瓣而得名，海拔 2083 米。莲花峰上有一条状巨石长约 30 米，断而为三，石前有一条 0.66 米宽的石缝，就是著名的斧劈石，传说三圣母被关在这块大石的中间，在斧劈石的下面有人竖了一把 2 米多高的月牙铁斧。其实，斧劈石的两条"斧痕"是沿着节理面裂开而形成的，巨石下的那条石缝是沿另

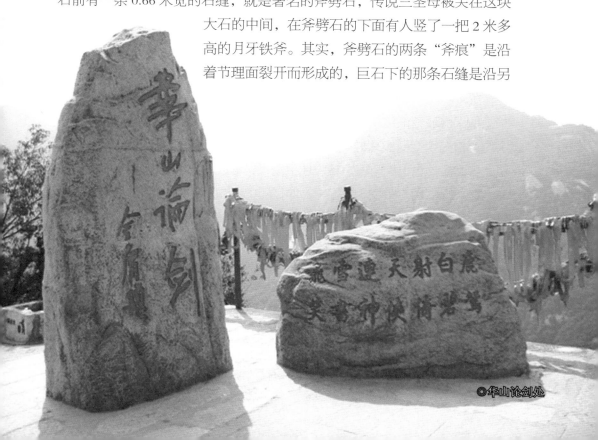

◎华山论剑处

一组节理面裂开，经长期风化作用而形成的。

从北峰到其他四峰必经苍龙岭。苍龙岭因其状似苍龙腾飞而得名，长1500米，高百米，宽约米许。登山之路就在岭脊上，坡度达45度左右，两旁悬崖深沟，深不见底，是通往东、南、中、西诸峰的必经之道，在"骑岭抽身、渐以就近"的脊背上凿有384级石阶。苍龙岭又称"夹岭""握岭"，意思是说，在人工修凿石阶之前，人们只能趴在岭脊上手握脚夹匍匐前行——足见苍龙岭的险峻奇特。据地质学家考察，苍龙岭是一条分水岭，为第四纪冰川沿坡后退所形成的刃脊，再加上两边流水侵蚀和地震作用，使岩体沿垂直节理面崩塌，就形成如此陡峭的脊岭。苍龙岭是典型的冰川刃脊。

就地学讲，华山五峰是侵入于太古代太华群古老变质岩系中的华山花岗岩体的一部分，岩体东西长约20千米，南北宽约7.5千米，面积约150平方千米。华山从形成到今日的状貌有一部漫长的沧桑史和复杂的地质地貌演化过程。

早在晚太古代早期至元古代早期（距今27亿～23亿年），华山地区还是一片汪洋大海，属于海洋沉积环境。这期间，发生了该地区最早的一次岩浆活动，在海底出现了大面积的火山喷发，形成了厚度为5000米以上的海相火山沉积岩，这就是今天分布在华山主峰周围的古老太华群岩层。

在元古代（距今25亿～5.7亿年），受南北强烈挤压构造运动的影响，华山地区海域逐渐缩小，海水后退，陆地面积不断扩大。这时除了南部残余的海槽继续接受熊耳群等海相沉积外，大部分地区成为海陆交互沉积环境，岩浆活动也由火山喷发转为地下侵入，形成了部分元古代花岗岩。

到了古生代（距今5.7亿～2.45亿年）和中生代（距今2.45亿～0.66亿年），南部海槽继续收缩以至消亡，华山地区几乎全部变为陆地。在南北向构造运动持续挤压下，断裂构造发育，约在距今2.2亿～1亿年的时候，沿着距地表约3千米～6千米深处的裂缝侵入了大量的花岗岩岩浆，从而孕育出今日华山的花岗岩体。大量的岩浆侵入太华群地层中并使原太华群岩层发生混合化等不同程度的变质作用，形成了以混合岩、斜长角闪岩及各类片麻岩为主的太华群变质岩系，导致了华山地区构造地貌的东西向线

状延伸。

新生代初期（距今 0.65 亿年），华山地区的地壳发生了显著的断块式升降，沿华山北侧东西向出现大断层，华山主体开始抬升，而其北侧的渭河地带却向下沉陷。同时，受区域应力作用，在山中也出现与此大断层平行的若干东西向断层和斜交断层，它们将山地切割成若干长条断块，各断块前后左右错动，使该区地质构造进一步复杂化。当内动力地质作用使华山地区强烈隆升时，日、光、水、风等外动力地质作用也活跃起来，对华山花岗岩体上面的覆盖层进行不断地揭顶风化、剥蚀、搬运，大约从 2400 万年前的中新世早期开始，由于新构运动的强烈活动，使这块巨大的花岗岩整体迅速抬升，逐步露出地表。花岗岩节理十分发育，在河流的强烈切割以及风化剥蚀下，逐步形成了华山的俊秀山峰。现在，我们所见的华山花岗岩型峰林地貌及黄河和渭河形成于距今 180 万～ 150 万年的第四纪初期。

在地质构造与演化上，华山处于扬子板块与华北板块、太平洋板块与欧亚板块接合的关键部位，地质史中太古代太华群、中生代燕山期华山花岗岩体及新生代华山山前活动断裂等三个主要地质事件均以华山命名。韩理州的《华山志》载，华山所处的全球性特殊的构造部位及其典型的花岗岩型山岳地貌，对东亚乃至全球大陆动力学、地幔动力学及后造山期所产生的壮观的黄土高原等全球变化研究具有重要指导意义，尤其是阜平运动、燕山运动及喜马拉雅运动在华山地区的作用和区域地质环境效应具有世界意义。

秦岭华山自然金矿有原生金和砂金矿两种，主要分布在东部潼关县侯家铺一带的秦岭主峰及其两侧。华阴县垣头和下坪、华县桃园一带也有零星分布，属小秦岭金矿田的西段。金矿主要产在太华群下、中亚群的混合岩和片麻岩中的含金石英脉内，脉长 10 ～ 500 米，厚 0.1 ～ 1.5 米。矿脉严格受断裂控制，密集分布在背斜褶皱核部及两翼，面积 400 多平方千米。

陕西潼关县金矿是华山系金矿的主产区。潼关县南部山区在自然地理上属于小秦岭的一部分，小秦岭西起临潼，东到灵宝，毗邻关中，南至洛南，是我国著名的贵金属成矿区，被誉为小秦岭金矿田。在陕西潼关县境内，矿区东西长 18 千米，南北宽 8 千米～ 10 千米，面积 162 平方千米，占全县国土面积的 31%，其中金矿工业储量超过 100 吨，同时伴生银、铅。金矿区大地构造位置属于华北地台西南缘，豫西断隆之太华台拱。区内出露地层，主要是太古界太华群的混合岩化高级变质岩系，其岩性以片麻岩类和混合片麻岩为主，夹有石英岩、长石石英岩、大理岩、蛇纹大理岩、磁铁石英岩及石墨片岩等，潼关境内的金矿床以石英脉型和构造蚀变岩型为主，其矿体及控矿构造和石英脉的空间展布有东西向、南北向、北东向和北西向四组，以前三组为主。四种矿石类型代表或揭示了四个成矿期次或四个成矿阶段。

在某种程度上，钼比金还要贵重。秦岭华山地区有全国最大的钼矿，秦岭华山钼矿区主要分布在本区南边的华县金堆城一带，是国内外著名的钼矿床。本区共有钼矿九处，其中大型矿三处、中型矿一处，其他为矿点，总面积约 100 平方千米。中生代燕山期形成的岗斑岩及其相关的断裂构造构成了钼矿的母岩和成矿的条件，矿本成因类型属中高温热液型。

就地质矿藏言，金石为开的西岳华山之富丽辉煌堪称五岳之首。

◎华岳仙境

云盖天竺山

　　商洛市山阳县天竺山在经度上与关中华阴市华山相若，在纬度上相差可就多了。华山居于陕西关中平原的中轴线，东望黄河，脉气入中原；天竺山位于商洛市山阳县鹘岭，陕南之南，与湖北郧西相望。一北一南，华山和天竺山在纬度上的距离有一百多千米之遥吧。早在《禹贡》《山海经》等诸国学经典中，华山已是华夏的西岳圣山。山阳天竺山既处秦、鄂两省之汇，又是秦楚文化共育，兼之乾坤氤氲，雾绕云遮，真容甚为难辨。就说名称吧，先是牛山，又叫作天柱山，现在是天竺山——并以天竺山之名成功申报国家森林公园，2011 年 4 月 16 日正式开园。

　　鹘岭山脉自西向东绵延 60 多千米，横亘在山阳县版图的中部，鹘岭主脉向南斜出一支成天竺山，天竺山古称牛山。天竺山山峦由南到北起伏上升，整体山势一如山民耕作的黄牛，天柱峰恰如牛头的犄角。

◎天竺山凌云亭

　　称天竺山为天柱山源于腰围 300 余米、高 500 余米直插云霄的石柱，石柱在如雨后春笋般的峰林间鹤立鸡群，众星捧月，一派独尊的气象场面。天柱方圆 40 多千米，大小 60 多处景点，摘星岩、僧道观，每一处都是美景如画。登临大顶，绵绵群山一如微风中的细浪；目视八荒无尽景，耳听来风无阻隔，心潮澎湃若林涛！峰顶是一片面积不大、树不粗壮的原始松林，其间一树异乎同类——在半人多高处五枝分开，枝丫呈一龙椅状。常有胆大者攀上去，或坐或立，模仿伟人指点江山，激扬文字。

　　说真的，只要登上这"龙椅"，或坐或立，眼前尽是云海连绵、雾气蒸腾之景观。远方云霞明灭，仙山琼阁，于云雾往来间，身边峰林、大顶道观忽隐忽现，瞥一眼山脚下的群山和屋舍，偶尔显现的，可真是沧海一粟啊！伴着微风，对面云盖观传来阵阵风铃声，声音夹杂在一片松涛声中有如千军万马驰过一片原野，不啻昂首挺胸的王者马铃声。看这苍茫起伏的变迁，不舍昼夜东去的江河，云蒸霞蔚的日月，不禁感叹：人的一生似哪一缕云雾？哪一片霞光？又似哪一阵铃声？

天柱山又名天竺山，这一称谓与宗教文化有关。史载，东晋时候，佛教传到山阳，慧远禅师曾住锡天竺山，造云盖寺；清朝顺治年间，蜀僧超古也来天竺山并于山麓碾子石凿洞藏经460部。据传，宋代，山上曾拥有800功夫了得的铁头僧。由此可知，佛教以天竺山为根据地，在当地四周传播。天竺是印度古称，乃佛教发源地，故称天柱山为天竺山。

其实，在中国，只要是好山好水，无不与宗教文化攀宗附亲，无不与文人雅士相依相偎。《山阳县志》记载，唐代以来，天竺山就一直是佛、道更替，你来我往，罗公远、吕洞宾、超古、慧远禅师都先后在山上从事宗教活动，唐代诗人白居易、贾岛曾驻足天竺山云盖寺，留下了"云遮菩萨顶，瓦盖众僧堂"的诗句。宋代嘉祐年间，著名理学家邵雍在天竺山隐居八年，潜心研究易经，留下了《皇极经世》等著作，并在《栖天柱山》诗中这样写道："一簇烟岚锁乱云，孤高天柱好栖真。""万古千秋名同姓，得随天柱数峰存。"现今，天竺山既是商洛道教发祥地，又是商洛道教活动中心。

天竺山是天然的动植物天堂和中药材宝库，有华山松、冷杉、高山杜鹃、红豆杉、银杏等珍稀植物200余种，有明显的高山草甸和垂直植物分带景观，有金钱豹、林麝、果子狸、豹猫、金雕等珍奇野生动物40余种，有灵芝、天麻、党参、何首乌、百步还原草、百合、猪苓、黄连等珍稀中草药500余种。

天竺山景区有雄伟独特的地质地貌奇观，天然裸露的地表石灰岩经充沛的雨水冲刷和较大的气候差异作用形成了典型的熔岩地貌，有天柱峰、秀女峰、摘星峰等12奇峰，峰峰奇异；有黑龙洞、朝阳洞、穿心洞等24洞，洞洞深幽；有三里峡、七里峡，石峡线天，壁立万仞；有阎王碥、刀背梁，奇险无比，风光无限；有二三百万年前形成的冰臼群和第四纪冰川地质奇观……巨石如阵，美不胜收。

天竺山国家森林公园的著名自然景观有天柱摩霄、刀背云亭、天竺日出和"云盖天柱"。

在天竺山北峰大顶北侧绝壁处有一座天然石柱拔地而起，柱高近500米，宛若擎天巨臂。《山阳县志》载："俨似蓬莱仙子，冠碧烟，披紫霞，带红霓，手臂绎霜，口吸银河，直若天为山所擎也。"天柱峰像巨人，像蜡烛，又像天柱，昂首向天，高大伟岸，古松倒挂，云烟缭绕，蔚为壮观。天竺摩霄是山阳古八景之一，为天竺山自然景观之主体象征。

刀背梁长百余米，左临陡崖，右是绝壁，前面临空，最窄处不盈尺，游人可沿凌空而建的栈道攀缘而上，目不敢斜视，气不敢出，是极险之所在。在刀背梁的最前端建有凌云亭，在凌云亭俯瞰有云海翻腾，远眺目极几十里以外。看大小天柱，近在咫尺，伸手可及。正所谓千峰万壑脚下踩，疑是仙子腾云天。

◎红日映天竺

在天竺山大顶观日出，但见朝曦微露，旋即紫霞浸染，渐成一片红云，愈来愈娇艳；就在一片红霞云海之中，一颗耀眼的红日如火球冉冉浮出海面，从仅露光亮的一个红点，到小半边脸，再到露出整个圆圆的笑脸，妩媚动人。此时，天空愈来愈清明，红日放射出万道光芒，远山在雾霭之中若隐若现，在天际和山岚的接汇处分不清哪里是天，哪里是山。近身处，千沟万壑被朝霞披上了一层红幔，连绿树也变成了紫红色的。天竺日出，雄壮瑰丽，气象万千。

天竺山最神奇壮观的胜景还是"云盖天柱"。天竺山，一年四季云雾缭绕。奇峰怪石、古松悬崖和神秘道观常常淹没在茫茫雾霭之中，时隐时现，依稀可见，如临仙境。每当雨雪初晴，一朵朵白云或汇聚在山脚，或飘荡在山腰，或升腾上山顶，向四面八方铺展开去，霎时便形成波涛汹涌的海洋，颇有"云盖天竺山"之势。登临天竺，欣赏"云盖天柱"之美景，心旷神怡，超然物外，有恍若入蓬莱仙山之念，此身已幻化成仙，神游天界，难以言表。

"云盖天柱"的自然地理缘由主要有三个：首先是天竺山的柱峰形态。天竺山又名天柱山，天柱山的名称即源于其柱峰形态，天竺山的柱峰形态能够与云雾最大量地接触。其二，天竺山的天柱并不高。天柱腰围 300 余米、高 500 余米，是云量最聚集的空间区域。其三，天竺山的地理位置。天竺山地处商洛盆地，北有秦岭阻挡西北劲风，南有楚山屏蔽东南气流。天低云停、风微雾重兼之柱峰形态就是天柱插云——"云盖天竺山"的自然因缘吧。

据地质考察说，天竺山所在的山脉 10 亿年前还是一个古海槽，历经数次地壳升降，直到约两亿年前，印支地壳运动后，这些沉积的地段上升，海水退出，受地质构造断裂控制，发育成岭谷结构地貌。自第三、四纪以来，间歇性断裂分异运动及长期风化、剥蚀和雨水冲刷，河流切割，而今呈现在我们面前的这个模样是经过千年万年风云际会千锤百炼才有的一个大自然硕果。这段天竺山的地质历史，就是专家们洋洋千万语也难以一下子说得清楚明白。对于我们普通人，登临山阳天竺山是意会大于言传；更有一种"云盖天竺山，难睹其真容"的感觉。

西岳华山的云海也很有名，华山北峰就叫云台峰。高度上，西岳华山和天竺山大致相当，海拔 2000 米左右。由于莲花形状、秦岭北麓的干燥和飓风诸原因，不大会出现经典的"云盖太华山"；而在秦岭南部出现了神奇壮观的"云盖天竺山"。秦岭南坡的镇安县有云盖寺，山阳县天竺山有云盖观，都源于"云盖天竺山"的自然景观吧。西安、商洛等 6 市签署的《秦岭旅游宣言》，在山阳天竺山隆重问世。

　　"云无心以出岫，鸟倦飞而知还。"就目前宣传天竺山的文献看，选择"天竺"已成定局，既于史有据，也无可厚非。据悉，"天竺山旅游开发还将在山上建邵雍广场，开设邵雍论坛，把这里建成道教研究中心"。如此背景意向，原来的天柱山名称显然更亲和融通。如果说天竺山与邵雍广场拼接尚属小遗憾的话，那么，宣传山阳天竺山的文章屡屡将东汉魏伯阳的《周易参同契》归于北宋邵雍名下，就完全是在"道教中心"乱烧香了，这是有别于自然地理的另一种"云盖天竺山"吧。

丹心照青山

  《山海经·西山经》在南山条写道："又西百七十里，曰南山，上多丹粟。丹水出焉，北流注于渭。"南山为秦岭北麓的长安终南山，应无大疑。长安终南山，其东有灞水，其西有沣河，独缺丹水。著名的"八水绕长安"中亦无丹水。丹水"多丹粟"，莫非风生水起、移地换形到了秦岭南坡？秦岭南坡的商洛市最大的河流就叫丹江。

  商洛丹江有两个源头，其北源出于商州区和蓝田分界处的秦岭南坡凤凰山，向东南流入黑龙峪，经铁炉子至黑龙口与西源汇合；其西源出于牧护关以东的秦岭南麓，向东南流经郭家店、秦岭铺等地至黑龙口和北源相会。黑龙口以下，丹江大致成东南流向，经商州区、丹凤、商南并于商南县汪家店月亮湾流出陕西省境。流出陕西省境，丹江尚有近半里程，其下游流经河南、湖北两省之后，于湖北省丹江口注入汉江。丹江全长443千米，总流域面积约16812平方千米。丹江在商洛境内总长243千米，流域面积约6651平方千米，占总流域面积的40%，是商洛境内的最大干流河道。丹江水系受区域地质及地貌影响，经历了长期的发展过程，干流两岸支流密布。流域面积在200平方千米以上的支流有11条；100平方千米～200平方千米的支流有12条，支流纵横交错，构成典型的网状水系。丹江分为5个河段。

  从秦岭南坡河源至商州区二龙山河段长40多千米，基本上属于丹江河源段，海拔在730～1500米之间，河道比降一般为1/100～1/200。商州铁炉子以上，河槽狭窄，谷坡陡峻，为典型的"V"形峡谷。铁炉子以下，河谷逐渐开阔，在弯流处形成一些不对称曲流阶地，为主要的农耕地带。注入丹江本段的主要支流有七盘河、板桥河等，板桥河即温庭筠所说的"人迹板桥霜"的地方。丹江在这一段，"山一束，接着一放，再一束，再一放，

◎蜿蜒丹江

形成冰糖葫芦的结构"。板桥河等支流坡陡水急，每年汛期，挟带大量泥沙注入丹江干流，淤塞河道、洪水泛滥现象时有发生，板桥河口至程家坡河段，河谷又成峡谷，二龙山水库即修建于此。

商洛市程家坡至丹凤县月日滩河段长近 70 千米，沿河岸线，谷宽丘浅，地势平坦。干流迂回蜿蜒，形成一系列开阔的弯道谷地，沿岸村镇耕地毗邻相连，为商洛富饶的川塬地区之一。北为莽岭，南是流岭，双岭众峪支河尽汇丹江，更兼河弯流长，丹水大涨。著名作家贾平凹说："丹江从秦岭东坡发源，冒出时是在一丛毛柳树下滴着点儿，流过商县三百里路，也不见成什么气候，只是到了龙驹寨，北边接纳了留仙坪过来的老君河，南边接纳了寺坪过来的大峪河，三水相汇，河面冲开……丹江便有了吼声，水位骤然升高。"

丹凤县月日滩至竹林关河段又叫"月日滩"或"流岭峡"，长约 48 千米，河床高程 400 ～ 540 米。全段中的月日滩、孤山坪两处是深切曲流造成的古河道，有农田分布；其余谷地多属变质岩、砂岩组成的陡峭峡谷，谷坡多在 30 ～ 70 度。

丹凤县竹林关至商南县过风楼河段长约53千米，是比较典型的宽谷与峡谷相间出现的串珠状河段。湾多滩多，如梁家湾、毕家湾、柳树湾等，湾道凸岸形成塬地，如焦家塬、张垣等，为主要的农田分布区。竹林关是银花河与丹江的交汇地，也是丹凤县与商南县的分界镇。该段内主要支流有银花河、白玉河、武关河、清油河、青山河等，各支流源远流长，水力资源丰富。丹凤县与商南县交界的丹江南岸有金丝峡景区，为新开辟的国家级森林公园。

商南县过风楼至陕西省界河段长约58千米，通称湘河峡谷，谷形呈"V"字；谷坡大都在30～60度间，谷底宽120～200米。局部地方深切曲流发育，如黄州奎、龙脖子、湘河街、梳洗楼等都是著名的大弯道，也是重要的农耕区。丹江的上源主体在商洛境内，流经河南省，在湖北省丹江口注入汉江，属于长江的二级支流。丹江一出陕西商南即入豫、鄂两省，三省交界的白浪镇是丹江流入的第一个热闹辽阔的交汇环境。"既然已经汇入，就需平等对话。"（北岛）

秦岭北麓有东西两个牛心峪，一个在蓝田，一个在华山。西边的牛心峪是蓝田县岱峪河的一条完整支流，发源于秦岭北麓的云台山。蓝田岱峪河则是西安浐河的一条支流，浐河与灞河在西安灞桥区十里铺之北合流

◎丹江漂流

◎二龙山水库

之后，在兴北村兰家庄一带流入渭河，渭河是黄河的最大支流。算起来，蓝田牛心峪已是黄河的四级支流小河。按说，牛心峪是太小了。可它上有云台山，下经百神洞，流出山又是让人瞠目的黄帝鼎湖遗址。而就自然地理言，由于其河流地貌发育过程的典型性，近年，马志正等撰的《牛心峪河流域地貌研究》对其地貌类型及演化过程进行了专门论述。该文除研究了牛心峪河流水系、地貌类型外，主要提出了早更新世雪水和泥石流、水石流沉积，以及牛心峪河的新生问题，为秦岭北坡河流的地貌发育提供了个案研究。东边的牛心峪在西岳华山东边一千米处，是汉太尉杨震讲学的地方。杨震讲学的华山牛心峪也属于秦岭北麓峪谷中的"小河"，牛心峪在华山峪东，因峪口有一座形状像牛心一样的峰头而得名。牛心峰的峰头有放雀台遗址，得名于汉杨宝救助黄雀终得善报的传说。进峪里许，是关西夫子杨震设馆讲学的地方。因杨震的学识与品德声闻乡里，求学者甚多，使学馆所居成市，又因峪里多槐树，故人称讲学的地方为槐市。史志记述，峪里有金天王胜迹，金天王是唐玄宗对华山神少昊的封号。传说大雪天气，远眺牛心峪，在风雪迷漫时可观金天王披银甲骑白马驰骋太空、巡视西土的景况。

◎丹凤桃坪

秦岭南缓北陡，加之渭河大断层，秦岭北麓的河流纵坡比降都相当大，而流程都比较短促。东西两个牛心峪，在秦岭北麓峪谷中都算"小字辈"，论长度不及商洛丹江的零头，但论人文却不让秦岭南麓任何"大川"。南坡观自然，北麓听人文，就是这个道理。

秦岭华山的北麓南坡，牛心峪和丹江水合在一起正是"丹心"。地理的际会巧合昭示了人的"丹心"，时代地理的变迁却让人担心。丹江是作家贾平凹的故乡与心灵河，他曾写道："河流是天生的悲剧性格，既有志于平衡天下，又为同情于低下的性格所累，故这十四条水有的流得有头有尾，有的流得无头无尾，有的流得有头无尾，有的流得无头有尾，却没有一脉是可以将两个镇子连接起来。"今天，"有头无尾"则是河流的普遍境况，除了水资源匮乏外，从源头截水也是河流"有头无尾"的重要因素与时代性悲剧。柞水县北部秦岭的高山标语、商南县金丝峡的宣传材料皆醒目地写着"引水入京"，"引水入京"是包括引丹江水进入北京的"南水北调"国家级工程，它最为直观且基本的前提是作为首都的北京严重缺水。对"引水入京"的任何异议都是对良知和勇气的莫大检验！问题在于牛心峪和丹江水合在一起正是"丹心"。牛心峪中的杨震故事，又无疑以一种特别的尖锐形式呼唤着"丹心照青山"。全球变暖、人口急增、生态破坏……种种因素使得缺水已是人类的普遍困境，在一定程度上，丹江之源商洛的一些地方就缺水，如镇安县的云镇与柴坪镇"没有一脉是可以将两个镇子连接起来"。据《商洛地区水利志》载："1955 年，在商县和丹凤县城段，丹江断流，小麦普遍枯黄。""各世纪旱灾发生次数，18 世纪 8 次，19 世纪 10 次，20 世纪 25 次。17 世纪以来，旱灾呈逐渐增加的趋势。"秦岭横亘的陕西本就缺水，城市的原则之一是先有"市"（自然资源）后有"城"（人居环境）；文明的起源与规则之一也是人类依山傍水，临河而居，围绕自然母亲生息，而非以自我为中心让河流动辄有头无尾、穿洞跨岭以迁就人类权力意志。"天大，地大，人大，道亦大！"域中有四大，人仅居其一焉。

商丹带 金丝峡

　　秦岭作为中国的南北地理标志应无异议，在具体细节上，却有很多不同。任美锷先生主编的《中国自然地理纲要》在《自然景观的地域分异与自然区划》中写道："华中区的北界就是亚热带与暖温带的分界，习惯上以秦岭—淮河一线，或积温4500℃为界。秦岭—伏牛山山势高耸，山脉以南的汉中盆地和南阳盆地与山脉以北的关中平原和豫中平原自然景观迥然不同，分界十分明显。许多亚热带植物，如毛竹、茶叶、杉木、柑橘等均分布于秦岭以南，而不见于秦岭以北，间有例外，也只限于一些受地形庇护而有良好小气候的地方。但是，界线的具体划法存在争议，有人主张以秦岭主脊为界，我们则主张以秦岭北麓为界。"

◎金丝峡入口

◎清幽金丝峡

秦岭作为中国的南北地理标志，有北麓与主脊两大学术流派。在秦岭作为中国的南北地理标志这一具体问题上，我们倾向于主脊派。缘由简单，以秦岭主脊为界，既能兼顾北麓南坡的地貌和水系差别，又能与人文视知吻合融通，这是地理学界对秦岭划界位置的不同主张。在地质学界，华北地块与南中国的扬子地块的区划也在秦岭，但具体的区划线既不在秦岭主脊也不在秦岭北麓，而落在秦岭南麓——具体说是在东秦岭商丹带与西秦岭的略勉一线。

在地质学家眼里，南北秦岭的界线不在秦岭主脊，即北麓的关中地区与南坡的陕南三区的行政区划；北秦岭的界线从主脊南移百里，移到商丹——略勉一带。地质学家的主要依据是："秦岭主造山期板块构造的一级单元即是三个板块（华北、扬子和秦岭板块）和两个缝合带（商丹和勉略带），二级单元则据三个板块相互作用及其相应产物。"张国伟等人认为："秦岭商丹主缝合带包括有弧前沉积加积楔、蛇绿构造混杂带与贯入的碰撞花岗岩和晚期残余海盆混源堆积体等，总体是从扩张打开洋盆到收敛消减俯冲至全面碰撞造山，历经长期板块俯冲碰撞而形成的一带板块主缝合带。""以商丹带为界，南秦岭已普遍发育陡山沱组和灯影组沉积地层，表明已与扬子地块统一为一体，但北秦岭却完全缺失扬子型同期沉积，只是其北缘出现了峦川群到陶湾群下部的另一类型同期不同岩层。南北秦岭已处于完全不同的构造背景之下，结合南、北早古生代地层沉积特点与商丹带沿线残存的蛇绿岩系，显然证明南北秦岭沿商丹一线已被统一扩张形成的古秦岭洋盆分割。"因之，"从秦岭主造山期板块的构造来说，华北与扬子两板块的边界是北秦岭南缘的商丹主缝合带，而不是北秦岭北缘的断裂带"。陕南秦岭商丹带在地质学和秦岭造山带中的作用意义与陕北延安在中国当代史上的作用意义异曲同工，富于兴味。作为毛泽东等共产党人的革命圣地，延安的标志是延河水与宝塔山；那么，作为地质学界的商丹带，除了洋盆沉积与蛇绿岩作为标志外，就首推金丝大峡谷。

陕西商南金丝大峡谷地处我国北亚热带向暖温带过渡区，冬无严寒、

301

◎金丝峡景色

夏无酷暑，金丝大峡谷面积 100 多平方千米，核心区东西长 7.5 千米，南北宽 6 千米，面积 45 平方千米。峡谷主要由黑龙峡、白龙峡、青龙峡、石燕寨、丹江源构成，区内山形陡峭、河谷深切，水系发达，森林茂密，花草遍地，植被覆盖率高达 90%。金丝大峡谷地质遗迹记录着一部秦岭洋盆至高山演化的历史，一部秦岭造山带形成演化的壮丽画卷，留下华北与扬子板块冲撞缝合的独特实证。

金丝峡的奇峡秀岭多为断裂抬升、风水侵蚀而形成，地势高、起伏大、切割深，形成山高谷深的大起大落和大空间、大节奏的雄伟壮观景色。它将山的静态美与水的动态美融为一体，这种大自然的动静交替、巨细相生构成著名的东秦岭峡谷、瀑布、深潭相辅相成的地质奇观，置身其中，仿佛进入地壳之内，到处都是地球诞生和海陆变迁的遗迹。大约 1 亿年前，以碳酸类岩石为主的沉积体在构造运动共轭剪切作用下，经过漫长地质历史的构建、改造、剥蚀、侵蚀和溶蚀形成今日隘谷—嶂谷—峡谷并存的举世罕见、国内独有的峡谷奇观。黑龙峡是延伸最长，规模最大的集奇、险、幽、秀于一峡的主景区，步移景异，气象万千。峡内河床大部分地段被水体占据，谷坡直立，是举世罕见的隘谷、嶂谷型地貌景观。自开发以来，国内外游人惊叹不已，称之为峡谷之都、峡谷经典、秦岭奇峡、峡谷绝唱，峡窄之处宽不盈米，峡环水转，勾勒出一条又一条"S"形曲线，阳光折射下的峡谷流水宛若一条条金丝，闪闪发光，随风飘动，因此得名金丝峡。

金丝峡属喀斯特地貌，碳酸盐类岩石是造景成景的岩石。碳酸盐类岩石经受漫长地质历史的构造、改造、剥蚀、侵蚀和溶蚀形成了莲花洞、金狮洞、天心洞、黑龙洞等 10 余座溶洞秘境，一座座新老溶洞都珍藏着一幅幅天外画卷，奇妙无限。金狮洞主洞内有一尊巨大的形似石狮的方解石睡卧洞中，惟妙惟肖，洞顶有一个附洞叫观音洞，观音大士手持玉净瓶，把滴滴甘露洒向人间。洞内大洞套小洞，小洞连大洞，据初步勘测，可能与千米之外的蜡台前佛爷洞相通，鬼途迷径，奇异而又神秘。金狮洞在地质上属于古老的溶洞，大约在 3.5 亿年前，秦岭在运动影响下皱褶成山，溶洞深埋地下，洞内的钟乳石、石笋受构造作用而倒塌，并与岩溶角砾岩间的钙质一起经受热变质而重新结晶，形成完好的巨晶状方解石集合体，金狮洞内俨然是一座方解石博物馆。

　　金丝峡得山峰而雄伟，得峡谷而秀幽，得涌泉而灵活。金丝峡是滚滚丹江的源头之一，这里百泉喷涌不息，由泉汇成溪，由溪汇成河，由河汇成江。清凌凌的山泉水将是首都北京饮用水源之一。由于地质构造裂隙和浸蚀裂隙形成的峭壁、峡谷、瀑布阻隔着人类活动，形成了一个又一个的无人区，因而金丝峡风景区保存了大自然的原始面貌。

　　石燕寨奇特的山岳风光、完整的森林生态像一颗绿色的珍珠，镶嵌在秦岭东南边陲，放射着耀眼的光芒。石燕寨下有西部第一、秦岭之最的十里兰花谷，有原生态植物 40 余种，珍贵的有蕙兰、春兰、石斛、金钗、独花兰、独叶兰等，暮春季节，兰花飘香，香气袭人。石燕寨上古木参天，遮天蔽日，藤萝缠绕，落叶盈尺，是典型的北亚热带常绿阔叶林。在海拔1000 米以上的地区，生长有秦岭地区面积最大、林分最古老、郁闭度最高的短柄枹栎原始林，平均树龄 70 年，最高树龄 120 年，短柄枹栎是温带、暖温带指标树种，在秦岭地区散生偶见，短柄枹栎原始林的出现对研究秦岭地区生态演替及植被变迁有重大作用。山底和沟谷中乔灌草结合，盘根错节，根须如网，绝壁之上还有终年常绿的苔藓。古树名木，百年老藤盘绕林间。点将台上的将军树，集榆、栎、桑、槲等树于一处；石燕寨上的百年榆树、百年栓皮栎，青龙峡里的百年七叶树，树根盘扎于岩石之中，给人一种强烈的原始意味与原始之美。

"华山自古一条路"

  "华山自古一条路"是华山地理广为流传的经典说法。为什么华山的登山路线只有一条？一般而言，如果是南北绵延的山脉——比如太行山，总是东坡和西麓相应的构造格局，既可以从山西省登山，也可以由河北省攀顶。而东西绵延的山脉呢，比如秦岭，一般也是南坡和北麓相应，就会有多条山路可供选择，我们既可以从北麓的眉县汤峪登太白山，也可以由南坡的周至县厚畛子攀顶，还可以从西边的太白县启程。攀登秦岭终南山可供选择的山路就更多了：既可以从北麓的长安区登山，也可以由南坡的柞水县攀顶；仅就北麓长安区这边看，既可以从正北的太乙峪直接通达终南山，也可以由西边的石砭峪、东边的小峪登山攀顶。近年众多驴友的穿越登山告诉人们，对于高山登顶而言，也可谓"条条道路通罗马"。华山就不行："华山自古一条路"——只能从北麓华山峪这边登山！华山属于秦岭北线支脉，也是东西

©玉泉院老君殿

◎险峭的华山

绵延山脉。华山没有南坡，它的"南坡"就是长空栈道下面500米之高的绝壁，从"南坡"洛南县那边根本不可能攀登华山。华山柱峰（南峰与西峰）之南为断层所割，有深达500米的鸿沟，与南面的三公山、凤居山相隔。华山东边的黄甫峪与西边的仙峪两侧受流水深切，谷底至峰顶高差达千米左右，谷坡陡峭，崖壁裸露光滑，登山者根本无立足之地。因之，华山的东、西、南三个方向地理大势和历史条件均无开路的可能性，自古攀登华山只有正北华山峪这一条约20千米的山道；"自古华山一条路"绝非今日国内旅游类动辄"世界第一"的聒噪之辞。

　　华山北麓山口的玉泉院是"自古华山一条路"的登山起点，玉泉院相传为唐末五代隐士陈传所建。由玉泉院出发，沿着华山峪，经五里关、莎萝坪、石门、毛女洞等到青柯坪，长约7500米，这段路属于沿溪线，为古今中外山路的普遍形式。若论长度，华山此段的沿溪线既不及太白山、峨眉山沿溪线的一半，也远远不及东边的黄甫峪和西边的仙峪。"自古华山一条路"的本质品格不在其长度上，而是它的唯一性与艰险性。只能从

305

◎回心石

华山峪登山是它的唯一性；从青柯坪开始，"自古华山一条路"的艰险性很快就暴露无遗了。攀登华山的蜿蜒沿溪路在青柯坪终止。尽管华山峪继续南伸，人们必须面对天下罕见的陡壁登山了。青柯坪东的回心石告诉人们，畏惧艰险者到此止步，可以回去了。青柯坪东边的回心石处于华山第一道险境千尺幢之下，游人至此，仰观千尺咽喉，石梯就开凿在悬崖峭壁上。游人在此需手攀铁索，沿陡峭、狭窄的石缝中的垂直石级向上攀登，面对倚天峭壁，令人生畏，不少游人至此胆怯而归。千尺幢共370多磴石级，石级的宽度只能容纳一人上下。两旁挂着铁索，人们手攀铁索，一步步向上登，往上看，只见一线天开；往下看，就像站在深井上，千尺幢的顶端就像井口一样。这里的崖壁上刻有"太华咽喉""气吞东瀛"的字样，千尺幢真像咽喉一样险要。游人手脚并用地爬上千尺幢，往前走就是百尺峡，这是登山的第二道险关，两壁高耸，中间夹有一块崩落下来的巨石，人从石下过，惊心动魄，抬头望去，真正的一线天际，石上题有"惊心石"三字。

◎鹞子翻身

©长空栈道

比较一下，千尺幢、百尺峡属于山地概念中的华山"北坡"。众多山坡有草木灌丛，也较舒缓，一般采取"蛇形"蜿蜒攀登；特别陡峭时，便会出现"七里盘""十八盘"诸山路形态。

为什么华山的千尺幢、百尺峡是百米之高的直上直下呢？其一，华山山体是"一块长20千米、宽7.5千米、高2000多米的完整的巨型花岗岩体"，"七里盘""十八盘"的山路形态在这里完全没有可能。其二，千尺幢、百尺峡的直上直下源于华山巨型花岗岩体的特殊构造节理。如果华山巨型岩体的构造节理是平面的或倾斜的，那倒为"七里盘""十八盘"的普通山路形态提供了可能。华山岩体的构造节理恰恰是直上直下，或接近于直上直下。据韩理洲的《华山志》载："千尺幢坡降70°，节理走向348°，倾角71°，节理走向和山脊地形一致，攀登道路就是顺着节理石缝凿建，宽仅80厘米。百尺峡也是沿着垂直节理建成，石峡夹持着一块落石，仰望摇摇欲坠，上镌惊心石。""千尺幢坡降70°"既极端陡峭又寸草不生，如果采取蓝田山"七里盘"、太白山"十八盘"的形式，也只能是傥骆道的"八十四盘"了，千尺幢、百尺峡的垂直节理根本上否决了"八十四盘"的曲径通幽可能。其三，华山岩体的构造节理不仅具有直线特征，节理之间也常常呈现平行特征。这种岩体节理的平行特征就是千尺幢、百尺峡沿着石缝开凿修路的地质缘由，既呈现出石梯直上直下之艰险陡峭，又使两边路缘如尺线般笔直流畅。华山岩体节理的平行特征提供了千尺幢、百尺峡石缝凿路的地质条件，也是老君犁沟、东峰仙掌的地貌缘由。

穿过百尺峡，人们一方面可能多少适应了华山的艰险峻峭，一方面可以稍稍喘口气经过仙人桥、俯渭崖、黑虎岭等小险处，又来到了登山第三道险关——老君犁沟。老君犁沟有500多个石级，这是夹于陡峭石壁间的一条沟状险道，沟深不见底，传说，太上老君到此见无路可通，就牵来青牛，一夜之间犁成这条山沟，作为登山通道。其实，老君犁沟者乃华山岩体的平行节理使然。老君犁沟的尽头就是被称为"猢狲愁"的陡峭崖壁，再向前，就到了华山的北峰。华山北峰又名云台峰，山势孤耸，三面绝壁，形势十分之险，大诗人李白有《云台观》之名作。从北峰继续前进，就到了登华山的第四险关——擦耳崖，因路窄且依壁临渊，游人无不贴壁擦耳而行。再经上天梯、日月崖便到达华山第五险关，同时也是最险的苍龙岭。苍龙岭是通往华山东、南、中、西诸峰的必经险道，其长千米左右，宽仅一米左右，两边是望不见底的陡壁深渊。行人走到苍龙岭，华山最大的生死考验就到了！壮年的杜甫在华山下做官，没有攀登华山；浪漫的李白攀登了华山，留下了描写北峰的《云台观》诗作，似乎并未登上其他四峰——没有登顶。唐朝一流诗人中，也只有韩愈攀登到华山的顶峰了，韩愈在《古意》中写道："太华峰头玉井莲，开花十丈藕如船。冷比雪霜甘比蜜，一片入口沈痾痊。"华山的神奇使韩愈从正襟危坐的宿儒变成了相信《山海经》的孩童，华山之路的艰险带来了人生之途的巨变。没有攀登华山艰险的历练，很难想象韩愈后来敢于挑战最高权力，这既有民间广为流传的回心石和"韩退之投书处"为证，也有韩愈的华山诗为证，韩愈在《答张彻》中写道："洛色得休告，华山穷绝径……悔狂已咋指，垂诚仍镌铭。"今日苍龙岭峻峭的崖壁上雕刻着"韩退之投书处"六个大字，"韩退之投书处"六字刻在苍龙岭的南端，表明韩愈的"悔狂"惧怕产生于返程。好不容易鼓足勇气爬上了苍龙岭，回头一望，韩愈见山路如此险绝，不禁大惊失色，想着这次可能回不去了，于是写了遗书投下山涧，这就是"韩退之投书处"的来历背景。这个故事属于民间传说，却形象地表达了此境之险。记得 1988 年行走华山长空栈道时，笔者的"悔狂"惧怕心理也是出现在从郝（贺）祖洞返回之时，所谓"后怕"。山势高耸，断崖深谷，雾起云漫，生死一线。唐朝"高干"韩愈在华山苍龙岭上的"悔狂已咋指"充分表现了"自古华山一条路"本质上的唯一性与艰险性，也是《论语》中"君子四畏"的生动个案。苍龙岭是华山北峰通往华山顶峰的唯一道路，韩理洲的《华山志》载："苍龙岭是黄甫峪与华山峪之间最窄的山岭，长约 1300 米，最窄处宽仅有一米，山岭两侧都是顺节理面的大崩塌体，俯首下视，一眼看不到谷底，有使人心惊胆战之感。千尺幢、百尺峡和苍龙岭是登华山最陡险的岭脊景观，且是历来登华岳三峰的必经之路，故有'华山自古一条路'之说。"

　　当年韩愈经过苍龙岭时，描写自己是"悔狂已咋指，垂诚乃镌铭"。"垂诚乃镌铭"是后悔自己冒失攀登华山呢？还是告诫他人不要冒失经过苍龙

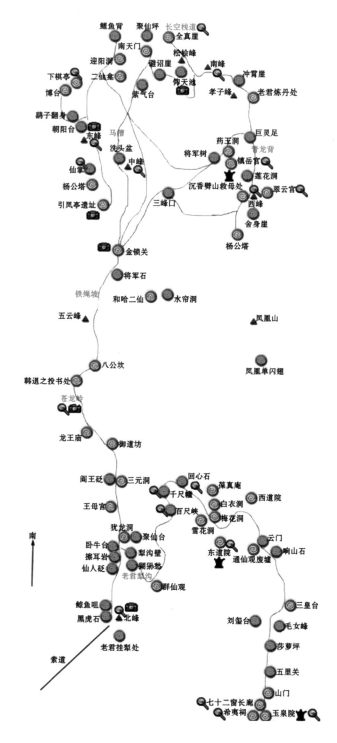

鲤鱼背　聚仙坪　长空栈道
　　　　　　　全真崖
　　南天门　松桧峰
迎阳洞　　　雏诏崖　南峰
下棋亭　二仙龛　　　　冲霄崖
博台　　　　紫气台　仰天池
鹞子翻身　　　　　孝子峰　老君炼丹处
朝阳台　东峰　　马槽
　　　洗头盆　　　巨灵足
仙掌　中峰　　将军树　药王洞
杨公塔　　　　　　镇岳宫
引凤亭遗址　　三峰口　沉香劈山救母处　莲花洞
　　　　　　　　　　　翠云宫
　　　　　　　　　西峰
　　　　　　　　　舍身崖
　　　　　　　杨公塔

金锁关
将军石
铁绳坡　和哈二仙　水帘洞
五云峰　　　　　　　凤凰山

八公坎
韩退之投书处　　　凤凰单闪翅
苍龙岭
龙王庙　御道坊
阎王砭　三元洞　回心石　葆真庵
千尺橦　　白衣洞　西道院
王母宫　百尺峡　梅花洞
犹龙洞　　　雪花洞
卧牛台　聚仙台　　云门
擦耳岩　梨沟壁　东道院　响山石
仙人砭　糊狲愁　通仙观废墟
老君犁沟　群仙观
鲸鱼咀　　　　三皇台
黑虎石　北峰　刘玺台　毛女峰
老君挂犁处　　　莎萝坪
索道　　　　　五里关
　　　　　　　山门
七十二窗长廊
希夷祠　玉泉院

南

◎华山路线示意图

岭呢？事实上，"垂诚乃镌铭"并无作用，这就像《围城》哲理。当年苍龙岭没有栏杆，没有凹槽，山梁鱼脊；两旁绝壁，深不见底，最窄处不足一米，人行走其间，难免心惊肉跳。华阴一带民谚云："千尺幢、百尺峡，苍龙岭，往上爬。"人们攀登华山，经过苍龙岭，谨慎小心是必要的，尽管"华山自古一条路"，但是源源不断地有勇敢者前往。手脚并用，慢慢坐行，甚至爬着通过苍龙岭都是可能的，也是真实的。蓝田玉山和渭南少华山都有"王爬岭"的故事传说，华山苍龙岭是更为真实的"人爬岭"，是勇敢者"爬"出来的华山道路，"华山自古一条路"正是韩愈般的勇敢者们走出来的。过了苍龙岭，就可以到华山的最高峰南峰。然后从南峰下来，再前往东峰和中峰，这当中也有不少险路。一般认为，华山绝险处要数长空栈道与鹞子翻身，就"华山自古一条路"而言，最险者当首推苍龙岭，长空栈道与鹞子翻身虽惊险万分、千尺绝壁，但它们并非必经之路，而属于探险之道。从自然地貌看，"华山自古一条路"简明说是由峪、坡、岭三者构成：峪是华山峪，构成从玉泉院到青柯坪的华山路段；坡是近乎 80 度的华山"北坡"，构成著名的千尺幢和百尺峡；岭就是苍龙岭，千米高的山脊宽仅米许，是通往华山（北峰之外）四峰的必经险道。

从"华山自古一条路"的历史地理看，汉武帝曾到过山麓，观看仙掌并在其附近建立庙宇以示崇敬。汉武帝并没有登上华山山顶，魏晋南北朝时期，华山是否已有了今天的这条道呢？北周武帝保定三年（563 年），陕西大旱，同州刺史达奚武为了祈雨而攀登华山，他曾这样记述当时情况：山上"人迹罕到"，他们一行几人都是"攀藤援枝"上去的，晚上无法回返，就"借草而宿"。说明在那个时候，上华山既没有一条可通的道路，同时山上也没有庙宇，否则，像他这样的当地父母官就没有必要"借草而宿"了。到了唐代，攀登华山才有一条茅径，但是非常险陡，难以上山。所以杜甫在《封西岳赋》里这样写道："得非古之圣君，而太华最为难上，故封禅之事，郁没罕闻。"另外，相传"文起八代之衰"的韩愈在攀登华山时，走到苍龙岭的南端，视其险绝，恐不能再返，因而捶胸痛哭，抛绝命书于山下，表示与家人诀别。这说明到了中唐时，像今天这样的一条路还是没有。大约到了五代以后，以华山陈抟老祖为象征，开始在苍龙岭上初劈小径，并在原有的一些神仙洞外，于峰头增建了简陋的庙宇。即使如此，当时上华山的人也只限于少数道士和樵夫。经过宋、元、明三代，游览华山的人逐渐多了起来。其中，道教全真教对"自古华山一条路"贡献最大，居功至伟。众所周知，丘处机龙门派弟子贺志真开凿的长空栈道和朝阳洞，被称为"全真岩"。全真七子谭处端曾于华山修炼；广泛流传的郝大通的华山 72 洞故事并非空穴来风。陆游的《赵将军》一诗中华山隐居的将军，可能就是全真教祖王重阳，20 世纪，金庸先生还有王重阳华山论剑的文学灵感。经过全真教几代师徒们的卓绝努力，"自古华山一条路"大体上形成了今天这条路线。人们最熟悉的明代旅行家和地理学家徐霞客曾于明熹宗天启三年（1623 年）春，沿着今天这条路攀登了华山，并写有《游太华山日记》一篇，其中记载有"攀锁上千尺幢，再上百尺峡，从崖左转，上老君犁沟，过猢狲岭"等，很清楚，这时在千尺幢、百尺峡上已安装了铁索链，攀登还是困难。明嘉靖年间王世贞在《题王安道游华山图》中写道："游太华者，往往至青柯坪而上。""而仙掌、莲花间永绝缙绅之迹，仅为樵子牧竖所有。"很清楚，有钱的绅士们那时还是不敢冒登华山顶峰的风险的。到了清代，曾经多次修缮了攀登华山的道路并且重新安装了铁索链，对很多石级（有的只能说是"脚窝"）也进行了整修。1931 年，杨虎城将军驻陕工作期间，曾经整修了全山的道路。1996 年，在华山之东的黄甫峪安装了通往北峰的现代化索道，同时开凿了人行石阶路，"自古华山一条路"的历史宣告结束，但苍龙岭的唯一性与艰险性仍然必须面对。2013 年，在华山之西的仙峪安装了第二条现代化索道，直接到达华山西峰。"自古华山一条路"的说法还有效吗？显然，"自古华山一条路"的唯一性和艰险性，对于人类的勇气和希望具备着永远不可或缺的价值。

西岳神木

　　"西岳峥嵘何壮哉，黄河如丝天际来。"黄河从千里之遥的陕北神木一带而来，跌壶口，跃龙门，在关中华山脚下发生地理大转向，直趋中国东部与海洋世界。沿晋、陕交界千里流淌的黄河，将南北的华山与神木联系在一起。陕北油田、煤矿、天然气的丰富储量闻名全国，北京、上海作为中国最大的两个城市已多年受益于陕北能源，煤矿油田直接呈露了神木县的命名理据。黄河在陕北神木与关中华山之间的千里流淌，是西岳神木概念的最直观含义，西岳神木让人思考的根本还是秦岭与黄河的地理关系与意义。

　　黄河是中国第二大河，全长 5000 多千米。黄河东流，既是汉语文化语境内的一个熟语，也是黄河流向的基本趋归。然而在陕西境域，黄河却

◎华山松

第五部分　西岳神木　物华关中

南流;黄河在陕西境内南流的秦岭汇点即西岳华山。山河相遇必有文化与故事,高山长河的相遇定有文明与传奇。黄河与秦岭的山河相遇,其文化与故事,其文明与传奇,既是民族性的,也是文化人类学的。西岳华山作为黄河与秦岭的相遇点,便是这一切的见证与象征。《水经注》卷四曰:"古语云,华岳本一山当河,河水过而曲行。河神巨灵,手挡脚踏,分开为两,今掌之迹仍存华岩。"在西岳华山,河神巨灵显现了,或曰河神显灵了。抛开民族心灵的精神不论,现代地学中高山与古海的深刻关联被这则华岳与河神的故事讲得何其生动精当!唐代大诗人李白的"巨灵咆哮擘两山,洪波喷流射东海"也是对华山地理殊胜文化的诗意写照。秦岭横亘于陕西省中部,华山是东秦岭的西岳名山。秦岭的殊胜与黄河的伟大在西岳华山交汇,西岳华山又成就了秦岭的殊胜与黄河的伟大。西岳神木的自然地理根据正在于此。

（1）秦岭华山松。《西山经》云:"华山之首,曰钱来之山,其上多松。"华山松是人们普遍喜爱的常绿乔木,经济、生态和文化审美价值均极高。华山松本固枝荣,干茎挺直;其根系扎入地下,可入土层5米之深,以汲取地下水源。华山松富含松脂,树下寄生茯苓,两者均为名贵药材。《唐本草》载:"茯苓第一者出华山,尤以岳顶五针松(华山松)下生者,俱如人形。"华山松一般高度为20米左右,树干有调节水分的组织,松叶翠结,

◎华山松

五针一束，细长柔韧，有角质层和蜡质，表皮细胞壁厚，能减少水分蒸发。这些特点构成它耐旱、耐寒、个性顽强具有广泛的适应能力，在别的树木不能生长的寒瘠荒山，华山松能随遇而安，到处扎根，处之泰然。华山松不但能生长在寒瘠的荒山，就是悬崖峭壁也能穿岩破石生根，找到立足的土地，巍然挺立，繁茂葱郁。翻开华山松的家谱来看更觉有趣，它同其他松类一样，盛于地质史中生代的白垩纪，但第三纪后，大地遭冰河浩劫。裸子植物门已成为没落王朝了，银杏、铁树等殆将危绝，可是松柏纲仍然拥有繁衍强盛的一族，水松、水杉、云杉及各种柏类都是它的兄弟。

华山松属于裸子植物门中的松科常绿乔木，经冬不凋，主干挺拔直立，直刺云霄，高达 35 米左右。幼树皮平滑而薄，灰绿色；老树皮斑斑成纹，开裂成方块状，不剥落。小枝轮生，偃盖潇洒，绿色无毛，叶五针一束，长 8 ~ 18 厘米。球果圆锥状长卵形，长 10 ~ 22 厘米，成熟时鳞片开张，黄褐色。种子扁卵形，淡褐色到黑色。花期 4 ~ 5 月，雌花受粉后体积并不显著增大，直到次年 9 月才开始发育。9 ~ 10 月果熟，一般一个枝顶结 2 ~ 4 个果实，果实由层层鳞片构成卵形的圆球，俗称松球。一般树龄在 10 年以上开始结果，迟的 25 年结实，30 ~ 60 年为结实盛期，平均单株可结 25 ~ 40 个球果。松果在树，绿鳞裹体，坚厚致密，与凡果的体状迥异。松果沉静，暗发沉香，松鼠灵动，援枝机警，两者在华山松林堪称大自然的天仙配。华山松作为风景林，清香沁人，苍郁伟岸，气象龙虎；作为薪炭林，隆冬取暖，火旺耐烧，照亮寒夜；作为木材林，挺拔耸立，坚韧既济，千年不腐，有"水浸千年松"的声誉，是名副其实的巨厦栋梁。"三径就荒，松菊犹存"，路长知力，岁久见性。华山松作为白垩纪的王者，挺过地质期的冰河浩劫，承受高山上的日晒风吹，绝岩相伴，白云为乡。"松下问童子，言师采药去"，华山松乃西岳的神木象征。

（2）其他神木。巍峨的华山不仅地史古老，其上生长的树木亦很古老，千年之木随处可见，它们以高大、苍劲、古朴、优雅的风姿点缀装饰了华山，增添了华山的美韵，也赋予它深邃的历史文化内涵。

当你来到华山脚下，首先会看到古老晋柏（侧柏，迄今已有 1700 余年的历史），古树千载传命道，使人敬仰不已，尤其是云台观前的晋柏，因其下有一石井，故云台观特有"一百（柏）一十（石）一眼井"的主体景观，也是陕西省最著名的古柏之一。玉泉院内的山荪亭系1100余年前陈抟老祖所建的妙景圣地，其旁的无忧树（青檀）颇有"千年古树发悠情"的诗意。在华山的松科古树奇木中，除了松树外，尚有几棵十分著名的云杉树（青杆），镇岳宫的"大将军"和中峰下的"二将军"均为古老的青杆树。它们树形高大，巍然耸立，犹如镇山的将军，自古为人称道。其中"大将军"高达28米，树龄似逾千年。在南天门下，有一棵36米高的古云杉，树身健伟，远望高迈，真林木元帅，被誉为"华山第一高树"与"擎天之树"。

与晋柏、华山松挺拔高古及绝崖孤耸的伟岸姿容相对照，华山红脐鳞则是人们几乎看不见的西岳神木，红脐鳞是华山六大特有物种（仅分布于华山地区，而不在其他地区自然分布）之首。华山的山体是一块巨大的花岗岩，植被能够在这块巨大的花岗岩上生长存活，有一种植物有着无可比拟的重要作用，这个物种叫作华山红脐鳞。华山红脐鳞颜色是红的；也有黄脐鳞，两者仅颜色不一样。华山红脐鳞是真正的先锋植物，在新的没有植物的地方，领域总是被它先占领，所以叫先锋植物。华山脐鳞的枝状体和衣状体分泌地衣酸，地衣酸先把岩石腐烂，岩石的粗糙面便可以保存水分，使其他后继植物能够在华山岩石上存活生长。华山能有这么茂密的植被，包括挺拔苍劲的华山松，都有这个西岳脐鳞不可埋没的功劳。

陆羽的《茶经》开篇即言："茶者，南方之嘉木也。"一般来说，适宜茶叶生长的区域是在北纬30度以南，再往北由于土壤和气候的原因，茶叶就很难存活了。今天，在东秦岭南坡的商南县西，一个已经接近了北纬33度的区域，意外地出现了一片面积20多平方千米的茶园！商南过去没有茶，从无到有，从少到多，都是张淑珍等一批林业科技工作者30年来艰苦奋斗、不断探索的结果。张淑珍从20世纪60年代开始，就尝试性地引种南方茶叶，经历了40多年漫长的摸索和发展，引导商南十几万农民种植茶园50多平方千米，创造了年产值6000万元。2000年，商南县被国家林业局评为"中国茶叶之乡"。由于纬度高，天寒地深，商南茶养分丰富，特别耐泡，有南方高山岩茶的质味特性。自然地理学中，有垂直地带性与纬度地带性的对应可比性研究，商南茶的出现为此提供了新的研究

◎古老的神柏

个案。茶在商南的种植，将"南方之嘉木"在地球纬度上北移了近乎 3 度，将秦岭茶园向北麓华山靠近了几百里之多，商南茶的种植是具有现代科技色彩的东秦岭"神木"。

（3）神木义重。《山海经·西山经》记载，华山之西，"曰小华之山，其木多荆杞。其草有萆荔，状如乌韭，而生于石上，亦缘木而生，食之已心痛。又西八十里，曰符禺之山，其阳多铜，其阴多铁。其上有木焉，名曰文茎，其实如枣，可以已聋"。华山之木，"食之已心痛，可以已聋"，神木义重，先人觉悟甚早。

现代研究表明，植物具有放氧、吸毒、杀菌等多种作用，植物对大气污染物有吸收净化作用，植物生长发育的光合作用是利用太阳能同化无机营养物质的过程。"清新的空气，灿烂的阳光……"意大利的著名歌曲《我的太阳》生动地唱出了太阳、植物和人类生命之间的密切合作关系。植物光合作用的结果，一方面为人类提供了丰富的有机营养物质，以满足人类生存的基本物质需求；另一方面，光合作用本身是植物与人的呼吸作用相反的过程，即吸收二氧化碳，释放氧气。据研究，10平方米的阔叶林和50平方米的草坪都可吸收一个人一昼夜呼出的二氧化碳，这极有益于大气含氧量的整体平衡。"植树造林，绿化中国"是一代伟人的著名号召，也是绿色生命与现代社会的深切期许。无树缺林即沙漠化，沙漠即生命的反面。植物由于叶片茂密粗糙、叶面皱纹等特点，能够阻挡、吸附粉尘，植物堪称风沙空气的过滤器和吸尘器，被比作守护生命的绿色长城。树种的滞尘能力随其叶片的滞尘能力和叶面积大小而异，一般阔叶林大于针叶林，如松树和杨树阻挡灰尘的百分率分别为2.32%和12.80%，植物在吸尘时还可以减弱空气中有毒细菌的传播。空气中的含菌量，森林内仅300～400个，而森林外则达3万～4万个。另一方面，森林的含氧量是城市环境含氧量的100多倍。日本有关专家的一项研究表明，吸入杉树、柏树的香味可降低血压，稳定情绪。专家认为，在森林中散步时，构成木屑香气主要成分的菘萜、柠檬萜这些天然物质具有松弛精神、稳定情绪的作用，血压和抑郁荷尔蒙的含量都会降低。吴均的《与宋元思书》曰："鸢飞戾天者，望

◎ "天仙配"松鼠图

◎向西岳致礼

峰息心；经纶世务者，窥谷忘返。"植物的这些作用，过去只是停留在人们的审美感觉上，如今已经从数据上得到科学验证，科学研究将继续发现树木对人类环境的神奇意义。

《山海经》作为我国第一部地理专著，讲过许多"不死树""圣木"："开明北有视肉、珠树、文玉树、玗琪树、不死树，凤凰、鸾鸟皆戴瞂，又有离朱、木禾、柏树、甘水、圣木、曼兑。一曰挺木牙交。"西岳茯苓、人参与华山松无疑位在道教信仰的"不死树""圣木"之列，不知可以包括现代发现的华山脐鳞否？现代人自不再轻信可让人长生不老的"神木"，但如华山脐鳞的神木也许意味着更多的"圣木"和神奇！我们现在面对着的是华山的自然地理，对于诸如"不死树""圣木"的华山之道，更应该有最起码的正视和关注吧！华山派陈抟祖师在《西峰》诗言道："为爱西峰好，吟头尽日昂。岩花红作阵，溪水绿成行。几夜碍新月，半山无夕阳。寄言嘉遁客，此处是仙乡。"

"嘉遁客"源于《易经·遁卦》："九五：嘉遁，贞吉。象曰：天下有山，遁。"山即"遁卦"之象啊。"嘉遁客"的存在使山成为名山，也为他们自己寻得仙乡。从秦汉封禅的西岳神山至道教仙学的灵智学术，华山的神性地理斑斑可考，彪炳华夏。刘禹锡的《华山歌》曰："凡木不敢生，神仙聿来托。……能令下国人，一见换神骨。"昔日的西岳是"凡木不敢生"；而今的华山是凡儒皆敢论！然而，至少在历史地理学，华山的确不是普通之岭，而是神性西岳；不是凡地，而是"仙乡"！华山之北的陕西神木县，由于煤这一个"神木"实现了由国定贫困县向陕西经济第一强县的历史性跨越。黄河由神木入陕西境，跌壶口，跃龙门，流到秦岭华山脚下。西岳华山的神木远不止于一个"煤"吧！既以西岳相称，除了华山松、人参、黄金与钼外，还有仙、道和精神信仰的富饶资源——广大的三秦乃至华夏儿女将如何面对、领会与享用，熙熙攘攘的世界将拭目以待，巍峨的秦岭将林涛响天。

谨以此书献给秦岭

——中国人的国家中央公园

青山做伴好还乡

——修订版后记

《华夏龙脉·秦岭书系》最初于2010年以"秦岭文化地理书系"推出黑白版，翌年，彩图版问世。游龙壮美，意趣深邃，华夏国家的宝贵名山跃然而出，遂改名《华夏龙脉·秦岭书系》。书中的人文阐发、文明比较，使读者感受到典雅别致的文化气息与人文趣味，赢得了诸多社会赞誉。在此向广大读者致谢！图书出版后，先后获得"中国大学出版社优秀畅销书一等奖""陕西图书奖"等奖项。

现在，能够把修订版奉献给读者朋友，我特别欣慰。

修订版的明显变化，是增加了地图和摄影作品——这是文化地理书籍的风格诉求。内容方面，以《天宝物华——秦岭自然地理概览》增添得最多：计有"天坦草甸紫柏山""神奇韭菜滩""感天之气 观岳之象"等十节。其中，"神奇韭菜滩"取自葛慧先生的美文，在此感谢他。"感天之气 观岳之象"是写华山的气象专节，希望读者能够喜欢。"天坦草甸紫柏山"既源于紫柏山的地理名气，也出于内容上的平衡考虑。《天宝物华——秦岭自然地理概览》是以秦岭北麓五座名山（天台山、太白山、终南山、骊山和华山）结构成篇的，这就规定了它"北重南轻"的布局大势。细心的读者会发现，比照黑白版，《华夏龙脉·秦岭书系》的第一版中就增加了"云盖天竺山"一节。现在又给南坡增加了"天坦草甸紫柏山"等专节，希望秦岭自然地理的整体性与均衡感能够更加贴切展现。

修订版订正了已经发现的错误，比如错别字。例如，把褒斜道上留坝境"武关"误写成了"勉县"。需要说明的是，许多书籍文献把"秦岭"名称归于司马迁的《史记》，这是错误的！我们在2010年黑白版的《终南幽境——秦岭人文地理与宗教》里，就用"秦岭命名的知识考古学"整节表明："秦岭，天下之大阻也"的《史记》说，不单是文献出处错误，而且是涉及"王朝地理学""秦岭文明"和"知识考古"的基础理论问题。事体较大，苦口婆心，再作冯妇，愿对秦岭研究有所裨益。

《华夏龙脉·秦岭书系》再版修订期间，我们获知四川省和陕西省的相关部门正在进行"秦岭古道"（"蜀道"）的"申遗"工作。严耕望先生的《唐代交通图考·秦岭仇池区》，早就揭示了"秦岭古道"的华夏国家功能。《道汇长安——秦岭古道文化地理之旅》指出："秦岭古道"既包括通往四川、重庆的"蜀道"，也包括通往河南和湖北的"楚路"。《道汇长安》的题目表明，今日的陕西省省会西安即周、秦、汉、唐的国都长安才是"秦岭古道"（"蜀道"）的历史主体和文明主人。2014年6月，以长安为中心的"丝绸之路"已经"申遗"成功。如果说"丝绸之路"是汉唐时期中国走向世界之路，那么"秦岭古道"就是周秦时期华夏国家的形成之路。就华夏国家的文明分量看，"秦岭古道"并不逊色于"丝绸之路"。

文本的修订终究指向人本的修正：书写即还乡。秦岭之于我，不单是地理身份层面上的"家乡"，更主要还是心理精神上的"故乡"。

青山做伴好还乡。30多年前，上大学二年级的我写了一篇名为《高高的秦岭》的文学习作。1998年，我留学德国，一个秋夜，在美茵茨大学神学院课堂的黑板上，我不由自主写着"heimweh"（乡愁）。等到瞥见 *Der Berg*（《山脉》杂志），我那蓄存已久的乡愁的心火便熊熊燃烧起来。提及这些隐秘的"私事"，有助于读者理解《华夏龙脉·秦岭书系》的人文精神气息，理解它不同于课题功利型著述的缘由所在。特别是，十八大以来的中国国家层面及领导人，也屡屡指出"乡愁"在民族复兴中的重要意义。张国伟先生领衔的《秦岭造山带与大陆动力学》等著述，正在深入揭示秦岭作为"华夏龙脉"乃至"地球礼物"的地质学真相。

　　青山做伴好还乡。《华夏龙脉·秦岭书系》的写作不单是作者个人的还乡之旅，也源自民族复兴乃至人类前途的文明呈现。20世纪80年代，舒婷在《还乡》中写道："今夜的风中，似乎充满了和声。"是的，秦岭作为"还乡"的"青山"，既具有个体记忆的切己背影，也显露出民族复兴乃至人类前途的普世愿景。这，正是秦岭魅力和奥秘的根本来源吧！

　　　　　　　　　　　　　　　　　　　　　　　　　　高从宜
　　　　　　　　　　　　　　　　　　　　　　　　　　2016年春

抛砖引玉
以歌灵山

——《华夏龙脉·秦岭书系》初版后记

　　《华夏龙脉·秦岭书系》分为四册，它们是《神秀终南——秦岭北麓72峪撷胜》《道汇长安——秦岭古道文化地理之旅》《天宝物华——秦岭自然地理概览》和《终南幽境——秦岭人文地理与宗教》。先后于2010年3月和10月推出黑白版。然而，对于秦岭的伟大和神性而言，编写作者、广大读者都以为意犹未尽。经过近一年的努力，跋山涉水，广泛搜求，现在彩图版问世，作为主要作者，颇为高兴；作为名义主编，感慨良多。借此机会，诉诸楮墨，用以抒怀、备忘和纪念。

　　这套书最初的萌芽酝酿，是在2008年的春节。现在知道，几乎与此同时，在陕的多名人大委员开始从国家发展层面，正式提议将秦岭作为国家的中央公园。时过三年，为调查人大委员议案提出两年后的有关进展，2011年3月5日《陕西日报》第6版以《七十二峪：秦岭的七十二座花园》为题，发表了记者对《神秀终南——秦岭北麓72峪撷胜》作者的采访内容。《华商报》和西安世园会有关机构，在此前后又共同组织了"秦岭七十二峪水汇世园"活动。秦岭72峪，作为国家中央公园的72座花园，作为秦岭开发规划的重大专题，已经得到普遍认同。

　　相比之下，作为华夏中国的统一道路与关键境域，作为秦岭开发规划的、重要性不逊色于"72峪"的"秦岭古道"专题，则尚未引起人们的兴趣和重视。然而，如果就秦岭国家中央公园这一主题而言，秦岭古道的分量甚至要在秦岭72峪之上！其一，"72峪"更多属于三秦陕西；"秦岭古道"无疑属于华夏中国，具备世界级文明意义。其二，就自然地理看，"秦岭古道"乃是"72峪"中几个比较幽深、宽阔的峪谷；就历史文化看，"秦岭古道"更是"72峪"中出乎其类、拔乎其萃的伟大代表。它在现代中国交通中，仍占据非常特殊的位置。其三，关于秦岭古道世界级的文明意义，著名汉学家李约瑟爵士在《中国科学技术史》中，中国秦汉史研究会副会长王子今教授在相关著述中，严耕望先生在《唐代交通图考》中，都进行过专门研究。尤其严耕望先生积40多年心血撰著的《唐代交通图考》这部旷世杰作，其第三卷即"秦岭古道"专题，揭示了秦岭古道对于华夏中国的伟大意义及历史地理学的重大蕴意！其成果令人叹服。

秦岭古道与秦岭72峪，一南北纵贯，一东西横向，共同编织了秦岭作为国家中央公园的经纬世界。它们与天宝物华的自然、终南幽境的人文一起，是守护"国家中央公园"的四大天王，是经纬秦岭的四相世界。与《神秀终南》《道汇长安》分别以秦岭北麓72峪和秦岭古道文化地理为专题的论说性体例不同，《天宝物华》《终南幽境》则是从秦岭的自然地理、人文地理（包括宗教地理）的学科体例和相关内容着眼的选题。自然地理和人文地理既是地理学的传统经典科目，又日新月异，成果斐然，自不必多言。

需要说明的，应该是秦岭宗教蕴涵在人文地理概念中的强调突出。这的确是本书系内容的一个特点，也是一个难点。其理据有二：其一，从《舜典》的"肆类于上帝……望于山川"到《史记》的黄帝禅让，地理的信仰精神与宗教维度乃班班可考；其二，不说佛教之南五台、观音山，单道教的楼观台、太白山与西岳华山，在历史传统上已是宗教圣地，应归于"神性地理学"，道理可谓明白不过。秦岭如欲名副其实地成为国家中央公园，如欲真正跨入世界名山行列，必须在瑰丽风光和丰厚文化的基础上，深刻诠释其在宗教领域无可替代、得天独厚的信仰精神资源。

按照原先的写作计划，秦岭的神性地理蕴意应有专册展现。然由于人力和经费的严重不足，秦岭的神性地理便与人文地理挤在一书，显得有些局促。许多需要入山考察的细节内容，由于无法上路，沦为纸上谈兵。尤其对秦岭自然地理蕴意的介绍，既相当简略，又重北（麓）轻南（坡），颇不匀称，自不满意。我自己也由原先的名义主编，沦为实际上的主笔——书系一半以上的内容篇幅，我不得不亲自操刀，奋迅精神，边读边写，求人求己，现做现卖，尽力完成基本的写作内容与原初安排。其粗疏之处，浮陋之痕，乃至错谬，诚不可免矣。"抛砖引玉"者，非自谦之辞，乃自知之明。

"暂顾晖章侧，还眺灵山林。"（李世民）如果说这四册书还有某些灵气的话，那么，我们也仅仅是把从秦岭获得的灵感，还给了这座伟大的灵山罢了。国学的方法论，讲究"读万卷书，行万里路"。地理文化的朴素前提，更得双脚做证。而秦岭文化地理的基本前提，除了双脚做证，还得有现代的知识积累和人文主体的意向境界。在用60多万字为秦岭这座灵山做注之后，简单交代一下作者的秦岭之旅，应该是相宜的。

北京鸟巢，是2008年奥运会举办地；南山鸟巢，是鸟的家园，也是我的"阿凡达"世界。心灵的皈依，正式起步是在1980年。那年春节，在秦岭北麓新兴寺，我们挖土、挑水、拉胡基（砌墙用的土坯）以修缮寺院。夏季，先是去秦岭南坡的宁陕县四亩地筑路，接着去眉县清华山朝圣。10年之后，1990年春节，在新兴寺白雪皑皑的路上，我兴奋、陶醉地滚了50多米。这之前的1987年，首次登上华山——以至于后来，在陕西师范大学宾馆，我给尤西林先生介绍的一位美国教授说道：不去华山长空栈道与朝元洞，就不能谈宗教信仰！现在应该补充的是：作为宗教境域的领悟条件，去华山长空栈道与朝元洞，必须是靠香客老太太般的虔诚双脚，而不能是汽车、索道甚或直升机动用下的金庸大师们的华山论剑。1988年5月1日，第一次靠近太白山雪线的心跳，永远难忘。上帝怜悯，人活着回来。1995年，由青牛洞道人做伴，我完成太白山穿越。两天的路程，走掉了两个脚趾甲。当人回到西安，已是凌晨5点，东方已露出如梦如幻的霞光。在《朝圣》里，诗人里尔克如此写道：

矿石怀着乡愁，
生机渺无踪迹，

一心离弃钱币和齿轮，

离开工厂和金库，

回归到敞开的群山脉络中，

群山将在它身后幽然自闭。

　　秦岭的"矿石"在"乡愁"之外，更有着文明与灵魂的哀痛！21世纪之后，我已经很少进入秦岭了，是怕灵魂深处的哀痛吗？犹如秦岭溪流，别青山于弯弯峪道，我也得汇入开放的现代世界；犹如终南群峰，会高天于阵阵林涛，我也在追寻生命的精神高度；犹如群山飞蝶，迎朝阳于郁郁芳草，我也想赶赴生活的芬芳美景。白驹过隙，浮云苍狗，机缘大变。而今，各种尘世的因素不论，我个人已失却了青春时代的诚挚、勇敢与朝圣之心！而无朝圣之心，我就缺乏勇气面对秦岭这座伟大的灵山。苍白的哀愁，朴素的感伤，浅薄的叹息，犹如那些蓦然出现抑或浮光掠影般的无根颂词，皆无济于事。《诗经·天作》写道："天作高山，大王荒之。"或许，空谷幽兰般的美女，终究要走向她的新郎；天宝物华的神秀秦岭，也必得走向黄金、神木、GDP，必得面对汽车、飞机与由羚牛叫声汇成的现代社会和世界之道。这是它的天命！

　　秦岭，大气磅礴，悠然浩远，自然巍峨。它是三秦大地的地理标志和精神荣耀，是华夏文明的摇篮与龙脉。秦岭是国家地理的南北分界线，被誉为中国人的"国家中央公园"。秦岭终南山，2009年入选"世界地质公园"。秦岭的文化地理，既是一座深奥丰富的地理宝库，也是一幅雄沉绚烂的文明画卷。希望这套丛书，能够基本展现秦岭的伟大与美，成为大家感悟秦岭的良好平台。唯愿中华儿女，在国家中央公园的现代梦境里，能够展示秦岭更加丰富的伟大与美；唯愿更多的人能够领悟秦岭的伟大与美，以歌吟祖国大地上这座独特神奇的灵山！

高从宜

2011年仲春